离线 OFFLINE NO.006

副本
Copy
李婷 主编

电子工业出版社
Publishing House of Electronics Industry
北京·BEIJING

未经许可，不得以任何方式复制或抄袭本书之部分或全部内容。
版权所有，侵权必究。

图书在版编目（CIP）数据

副本 / 李婷主编 . -- 北京：电子工业出版社，2021.9
（离线）
ISBN 978-7-121-41656-9

Ⅰ．①副… Ⅱ．①李… Ⅲ．①科学技术－复制－普及读物 Ⅳ．① N49

中国版本图书馆 CIP 数据核字（2021）第 157269 号

责任编辑：胡　南
印　　刷：中国电影出版社印刷厂
装　　订：中国电影出版社印刷厂
出版发行：电子工业出版社
　　　　　北京市海淀区万寿路 173 信箱　邮编：100036
开　　本：720×1000　1/16　印张：11.75　字数：250 千字
版　　次：2021 年 9 月第 1 版
印　　次：2021 年 9 月第 1 次印刷
定　　价：78.00 元

凡所购买电子工业出版社图书有缺损问题，请向购买书店调换。若书店售缺，请与本社发行部联系，联系及邮购电话：(010) 88254888，88258888。
质量投诉请发邮件至 zlts@phei.com.cn，盗版侵权举报请发邮件至 dbqq@phei.com.cn。
本书咨询联系方式：(010)88254210，influence@phei.com.cn，微信号：yingxianglibook。

卷首语

> 我们对独一无二的东西感到崇敬，然后我们会复制它。
>
> ——希列尔·施瓦茨（历史学者）

本期我们通过一个体系来观察"副本"：复制品、仿制品和独立品。

"复制品"是无限接近1：1复刻的作品。对大师作品的临摹、机械复制的商品、摄影技术、生物克隆，都归于此类。虽然只是再现原型，但它们毫无疑问推动了各种意义上的"生产的繁荣"。

"仿制品"是有差异的复制，衍生出新的特性。游戏副本、电影道具、乐高积木、主题公园，这些都是在复制的过程中，受到使用环境和使用者的影响，拥抱了变化的副本。

"独立品"只保留了正本的某些显性/隐性特性，但这个连接不会消失。显性如虚拟现实，隐性如文学译本，都已经走在背离正本的道路上。它们是试探性的创造。

这三类副本并不是严谨的定义，而是我们设定的一种分类方式：通过理解副本与正本的关系，去重新整理所见的世界。为什么理解这种关系是重要的？

因为这与真正的创造有关。

在副本泛滥的今天，它的制作、传播、使用，拜技术加速所赐而变得快捷、廉价且疑点重重。唾手可得的免费数字信息，还有肉眼可见的海量物理实体，充斥着网络和现实世界。失效的链接，无意义的广告点击，打不开的压缩包，分享后从未阅读过的文章，蜂拥抢购后又无人问津的商品……我们甚至都没有参与"消费"，而只是它复制繁殖的节点。约等于一个"魂器"。

这些疯狂分裂的副本不但抛弃了正本的独一无二性，也和我们所知的任何创造、对创造的表达和欣赏，都脱离了关系。

那真正的创造是什么？是施瓦茨所说的"崇敬"。

摄影的发明不是把现实场景影印成了照片，而是达盖尔对景观构图的痴迷、对展示这种立体画面的执着，最终让他实现了银版摄影术。从留声机、声学录音，到电声、数码录音，每一次技术和设备的更迭，都将音乐中最不可能被复制的细节更多地保留、再现。甚至"复制—粘贴"这个电脑上的最基本操作，诞生时也不是为了处理文件。它是当时还未实现的图形界面的一部分，是更好的计算机交互的一部分。

这就是我们想要回归的对副本本质的讨论。它可以是对世界的明确认知，也可以是生活中模糊的经验，或者别的什么。唯独不能是消除和抵抗创造。

本期三个专栏全都"团结"在"副本"周围。

"工具"以听音设备和介质四十年的演变为线索，讲述了千禧一代"边走边听"文化的形成，以及音乐比特化、私有化的历程。"写作"的主题是游戏副本，一场关于技术和文化之间的误会。"对话"中电影道具只是一个引子，把电影作为方法，可能是一个更好的概括。

对话（Talks）是我们开设的新专栏。它不是一个典型的采访，也不是一个典型的写作。它更像我们在引导受访者写作，协助他们进行连贯充分的表达和创造。

李婷，《离线》主编

Table of Contents
目录

专题 · Feature

12	复制品：无限接近 1：1 —— REPLICATE
12	复制与流变世界：葡萄、蝇虫、摩登时代与死亡媒介
24	流水线与花样游泳

40	仿制品：有差异的复制，衍生出新的特性 —— DERIVE
40	让你的乐高拥有无限可能
52	足够标准，才能接近幻想中的那个世界
68	"未麻的房间，我已经去过几百次啦"

84	独立品：只保留了正本的某些显性／隐性特性，但这个连接不会消失 —— BREAK AWAY
84	日式"模仿秀"背后的再创造
96	从宙斯到微软：文学、电影、神话与混合现实

110	延伸阅读：奇怪的副本艺术展

工具 · Tools

136	边走边听：移动设备、音乐私有与个性表达

对话 · Talks

158	邱阳：剧本是一个指南性文档

写作 · Writings

176	探索与表演

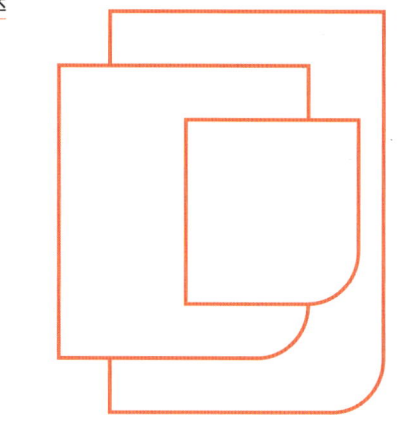

FEATURE

副本
Copy

晴日:"什么是影子?"
雨:"身体的另一个身体。"
——
阿多尼斯

FEATURE

FEATURE
专题
专题

FEATURE

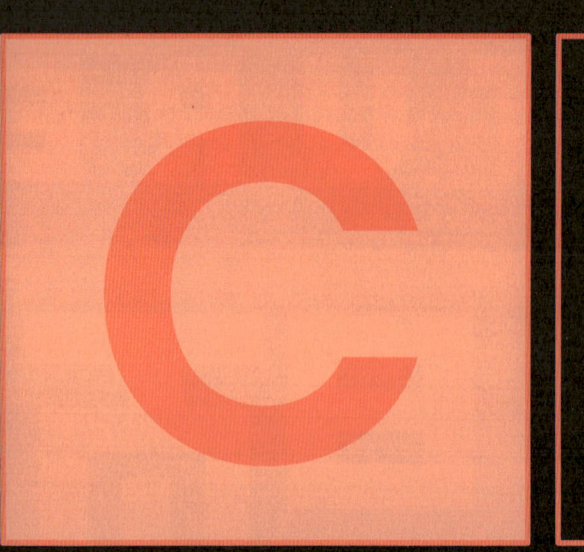

复制品：
REPLICATE
P12 — 39

无限接近 1：1

仿制品：
DERIVE
P40 — 83

有差异的复制，衍生出新的特性

让你的乐高拥有无限可能
足够标准，才能接近幻想中的那个世界
"未麻的房间，我已经去过几百次啦"

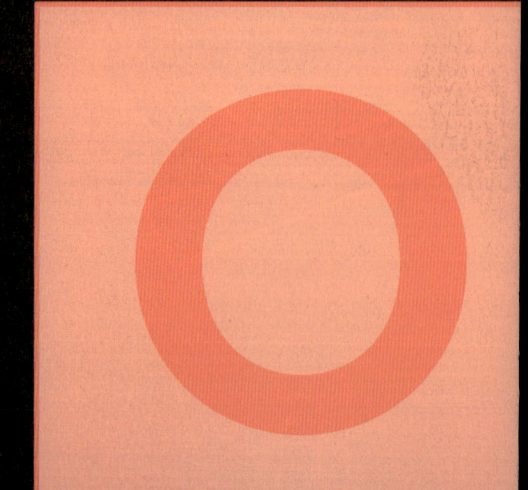

复制与流变世界：葡萄、蝇虫、摩登时代与死亡媒介
流水线与花样游泳

独立品：
BREAK AWAY
P84 — 109

只保留了正本的某些显性／隐性特性，
但这个连接不会消失

日式"模仿秀"背后的再创造
从宙斯到微软：文学、电影、神话与混合现实

专题 · Feature

- REPLICATE -
复制品：无限接近1：1

仿制品　　独立品

01 01

🕐 17'

复制与流变世界：
葡萄、蝇虫、摩登时代与死亡媒介

A World of Copy and Metamorphosis:
From East to West, Past to Future

written by 双翅目

中国人民大学哲学博士，科幻作者。出版有中篇科幻集《公鸡王子》《猞猁学派》，作品散见于《科幻世界》、《特区文学》、豆瓣阅读、科幻春晚等。

复制与流变世界：葡萄、蝇虫、摩登时代与死亡媒介
A World of Copy and Metamorphosis: From East to West, Past to Future

复制的基础是如何以不同的方式理解世界，如何解析世界的结构，如何重复世界的信息，如何将这一切存储并再现。这一过程必将永远处于动态的流变中。

苏格拉底曾提到，如果你拿着镜子四处照一番，便能获得天空与大地中的一切。此时此刻，我们生活于一个副本泛滥的时代。每一面屏幕都像一面镜子，每个人都在不停地获得全世界。几乎每件物品都是流水线的批量产品，几乎每个创意都面临复制、传播或营利。

我们很难评价"复制"本身的优劣。不过，有一件事值得关注——从古至今，复制的逻辑发生了不少改变。很大程度上，我们对复制对象的理解、我们进行复制的方式，决定着复制的形成和结果。

◇ 古典的复制 ◇

相传，古希腊时期，两位著名画家进行了一场比赛，看谁画得更像。宙克西斯绘制了惟妙惟肖的葡萄，当他揭开遮蔽画作的幕帘时，鸟儿都被他欺骗，不由得飞过来，啄食画中的葡萄。宙克西斯觉得自己赢了，请帕拉西阿斯揭开幕帘，展示幕帘之后的画作。可惜他错了，幕帘本身便是帕拉西阿斯的画，宙克西斯甘拜下风，他的画欺骗了鸟，帕拉西阿斯则欺骗了他。我们说，帕拉西阿斯的画更逼真。

而在地表的另一时空，人们缺乏追求复制的动力，对复制品的关注也兴致寡然。曹不兴是三国时期东吴的一位著名画家，吴"八绝"之一。《历代名画记》记载了这样一则趣闻："（孙权）使之画屏风，误落笔点素，因就成蝇状，权疑其真，以手弹之。"意思是，孙权拜托曹不兴画一扇屏风，

曹不小心误着了一个墨点，形状似蝇虫，孙权以为那是一只真虫子，顺手想将它弹出画面。

以当代视角看，宙克西斯"错当幕帘为真"和孙权"疑似为真"属同一行为。前者被奉为经典模式，后者属文化系统的边缘趣闻；前者的评判标准本就是逼真，后者因误笔成蝇，才疑似为真。哲学家柏拉图曾区分"理念的床""真实的床"和"画家的床"，显示了西方思维体系中的一种等级差异：形而上的概念、自然的现实和艺术的摹仿（复制）。画家郑板桥则总结创作经验，区分"眼中之竹""心中之竹"和"手中之竹"，他将三者等量齐观。千百年来，中国画要求饱游饫看，遍历广观，方知笔的去处。西方与中国两种古典体系的不同，明显可见。

◉ 图1：约公元1000年的中世纪插画《耶稣为彼得施洗脚礼》，出自《奥托三世福音书》，其目的在于传递宗教意义与故事，而非画得准确。图片来源：Wikimedia Commons Public Domain

当然，古老的文化差异不足以解释现代世界。如果说，现代化与全球化以前，不同分支的文明对世界整体有着不同理解，导致"真实"与"复制"的体系各不相同，其标准与权重也迥然相异，那么，现代化之后，人类第一次有了较为普适的世界观。在认知层面，自然科学让大部分文化达成共识，一步步形成了统一的、与"古典"世界不尽相同的复制逻辑。

◇ **从文艺复兴到科学革命，复制思路悄然变化** ◇

如今，人们已习惯将三维世界复制到二维平面，成为屏幕里的图像、照片中的景色、画板上的人物，随时欣赏，但这不是一个自然而然的现象。记忆超群的艺术史学者潘诺夫斯基写过一本《作为象征形式的透视》（*Perspective as Symbolic Form*）。书中，他结合科学认知与历史沿革解释道，人的视网膜为内凹，不是画板平展展的模样，因而外部世界的光影造型，

复制与流变世界：葡萄、蝇虫、摩登时代与死亡媒介
A World of Copy and Metamorphosis: From East to West, Past to Future

15

专题·Feature

通过瞳孔的小孔成像投射到视网膜时，不完全符合平面透视的逻辑。事实上，直到文艺复兴前，西方绘画并不真正追求复制立体的世界，甚至不强调人像或物体的相似，只要能达到情感的共鸣与升华，便是好作品。文艺复兴改变了西方绘画的逻辑，在这个时期，宗教的板块被自然哲学撬动，鲜活的人与自然进入画家视野。一方面，架上画在这一时期繁荣发展，取代壁画变得流行起来。这些架上画明确了视窗传统，每幅画作都类似一扇窗。另一方面，文艺复兴匠人把握了线透视的逻辑，平面的三维透视由此建立。

文艺复兴建筑师、理论家阿尔贝蒂用《论绘画》说明，对三维世界的复制属于一套"人工透视"（perspectiva artificialis）机制。它与自然世界并不相同，目的是在不同的媒介中达到最佳的再现效果。建筑师布鲁内莱斯基（设计了佛罗伦萨圣母百花大教堂穹顶）为研究宏大教堂的纵深效

◐ 图2：马萨乔把布鲁内莱斯基的透视法应用到绘画上的作品《三位一体》年份在1426—1428年。画面像是深入墙壁的一个新空间。图片来源：Wikimedia Commons Public Domain

果，进行了一个很科学的绘画实验，以探索单点透视。他在画的中间挖一个小洞，在画与被画物之间插入一面镜子，时不时通过小洞比较他的画作到底像不像。文艺复兴后，丢勒等著名画家开始研究人体与空间的结构，他们也选择借助小孔成像或暗箱，探索光与影的平面效果，分析人物解剖的科学比例，然后再用画板作图。直到照相机的发明，绘画才将再现（复制）世界的任务一步步交给机械结构、化学分子、电子信号。

如果说文艺复兴是现代思潮的一个源头，17、18世纪的科学革命，才真正带来"现代"的复制机制。表面上看，文艺复兴绘画的透视法与照相摄影技术一脉相承，实际上分野早已开始。相机的前身是暗箱，人作为观察者立于小孔之外，可观察暗箱的光影成像。笛卡尔将眼睛类比为暗箱，认为视觉经验是自然世界的真实副本。牛顿延续此思路，他的光学研究体现了线透视的逻辑：棱镜折射阳光，分解不同波长的光线，呈现不同色彩。在这一支脉看来，感官体验似乎总充满欺骗，唯有理性能矫正感官的错误，接近"真实"。

而在科学进程的另一条支脉，歌德写了《色彩论》。如果说牛顿的古典物理学着眼于"光"的绝对值，歌德的浪漫主义思维则投身于"影"的研究。对于前者，视觉经验服从于物理学；对于后者，视觉经验开始进入生理层面。歌德在《色彩论》中细致描写了一种视觉体验：先通过小孔成像在雪白墙壁上呈现出倒置的现实投影，然后关闭小孔，当观者朝室内最暗的地方看时，视觉的光影暂留让观者先"看见"一个圆圈，圆圈先是微黄，继而变红，随后蓝色逐渐侵犯红色，一切越来越暗，直到视觉彻底融入房间的黑暗——就像歌德所说的，身着红裙的貌美女子一闪而过，空间中只余红裙消失后的绿色影子。歌德所描述的，正是脱离光线与透视的逻辑后，眼睛纯粹的视觉体验，这属于18世纪末19世纪初的生理学世界。一时间，光学的、面向外部世界的理性知识，与解析人类内部感官机制的生理世界之间，出现了一道鸿沟。现代世界的复制逻辑正式确立。对于古典世界，尤其对于西方，复制着眼于"如何再现外部世界"，而对于现代人，复制则意味着"如何再现内部的某种体验"。

其结果是，18世纪到19世纪，立体视镜与视觉暂留装置先后发明。立体视镜是当代三维立体（3D）电影的前身，配备运动画面与双目视镜，不通过二维平面展现三维纵深，而直接面向人类双眼的视觉体验。感官体验本身的可复制性成为重点。制作者需要了解眼睛的性能，用机械手段把

专题 · Feature

视觉机制复刻出来，如规范两眼的间距。由于两眼所见之像未必相同，真实是由双眼共同决定的，因此立体视镜的复制不再执着于外部自然，而选择分析视觉的形成逻辑。于是，人类开始学着直接面对视觉经验本身。

而对视觉暂留的理解与运用，就奠定了电影的诞生。卢米埃尔兄弟的《火车进站》、"异形"的破腹而出，都让影厅观众吓得离座而逃。人们可以说连贯的画面是幻觉，不是对真实运动的复制；人们也可以说，正是幻觉再现了真实的世界；人们还可以说，视觉暂留与帧数的不断刷新，复制了人眼的生理机制，方能提供真假难辨的观影体验。无论立体视镜还是电影，复制感官体验已成为现代娱乐的潜在共识。

◦ 图3：1861年的立体视镜。图片来源：Wikimedia Commons Public Domain

◇ 现代化复制：工业、艺术与文化弥合 ◇

于是，复制变得并不一定关乎外部世界，只要"机制"可以复制就行。于是复制"产品"水到渠成，工业流水线的生产逻辑应运而生，几乎与照相和电影技术同时成熟。复制就这样在现代社会中得到增殖，进入各行各业。福特汽车的流水线标志着资本量产的变革。新的工业生产也滋生了关于生理、心理的新问题。专业、细分、可重复的生产力成为现代工业体系的"人力"核心。用马克思的话说就是，人成为机器的一部分。《摩登时代》里，卓别林扮演的小人物加工着标准化产品，日复一日重复同一动作：用扳手拧螺丝。当这一动作形成惯性时，就难以被卓别林控制了，无法叫停，他的重复反而破坏了流水线。这无疑是卓别林对工业资本与权力控制的最佳反讽。只是，进入 21 世纪，现代化的复制仍是社会的核心驱力，创造力的扭曲仍是一个无解的困境。

沿工业、商业与资本的逻辑，现代化复制的"生理体验"，可置换为"复制并满足需求"。复制某种房型，复制某一系列的汽车，复制某件衣服、某种餐具，此类商品化的"复制"较易理解；复制艺术品，则是现代化进程中备受争议的话题。本雅明的《机械复制时代的艺术作品》既强调了艺术品独一无二的"灵韵"（aura），也保留了对复制时代艺术创造力的企盼。我们发现，诞生于前现代的艺术品，如架上画、雕塑、工艺品，在当代社会具有反复制、反赝品的属性；而现在的艺术，如摄影、电影或游戏，其可复制、可发行、可批量销售的特性，恰好需要与它们的艺术性保持动态平衡。

现代的生产逻辑必然侵蚀受保护的稀有物品。给老电影上色、做高清修复，将古老建筑损坏部分不断翻新，对著名绘画与雕塑进行修复、研究、存储——复制逐渐成为一种保存或储存的手段。在此意义上，东方的复制逻辑开始与现代的复制逻辑对接。更多学者开始采取东方的思路去理解艺术品的复制，以回应本雅明的现代化复制困境。哲学与文化研究学者韩炳哲分析了不同文化对"复制"的理解（《山寨：中国的解构》）。中国、日本、韩国等远东国家对正本与副本的区分本就没有西方强烈，因而现代化的艺术复制手段更易被当代的东方人接受。每隔 20 年，日本著名建筑伊势神宫会经历彻底重修。日本人将它视为一座有着 1300 多年历史的宫殿，重修恰好保证了其神圣性的延续。联合国教科文组织（UNESCO）经过讨论，却认为重修的副本不具备历史遗产的特性。德国科隆大教堂和中国兵马俑的以新换旧、模块化修复也遭遇了类似困境。纪录片《中国梵高》讲述了世界最大的油画复制工厂——深圳大芬油画村。画工赵小勇十几年间复制了数不尽的梵高绘画。他的模仿，对于西方商家来说不过是商业流水线复制环节的最底层。而对于他本人，复制梵高，意味着对绘画技

专题·Feature

艺的理解与对梵高精神世界的无限接近，这一追求超越了赝品与资本生产的逻辑，包含了东方人对艺术的领悟。

可以说，非西方的艺术观，正在积极应对"复制时代"的创作焦虑。而随着时代发展，当代乃至未来的复制，将持续地专业化、精细化，愈加依赖对复制机制的理解。我们或许需要建立新的逻辑，以面对不可阻挡的复制浪潮。

◇ **当代与未来的复制** ◇

离开艺术领域，我们或许能更好地理解当代的复制脉络，一窥未来的可能性。

一个例子是生物克隆。克隆羊多利是最直观的范本。许多科幻电影选择以生物体克隆为切入点，讨论意识、认知与身份认同的问题。不过，无论体细胞克隆、干细胞克隆还是最直接的同卵双胞胎，生物体的可克隆性，实际上都基于原始信息的完整与信息的构成方式，即 DNA 和相似的初始（触发）条件。生物的成长充满不确定与不可控因素，因而生物体的克隆并不是准确的等比复制。对同卵双胞胎的研究能消解许多关于克隆的谜团。如今，人们也开始更多地区分"先天"与"后天"。如果基因的复制属于先天，后天的培养在多大程度上决定了个体的发展、认知与身份？如何"克隆"后天的环境，这一问题正象征了从生物遗传的复制到社会环境的复制的语境转变。当下教育竞争的焦虑可由此展开。

回到生物层面，真正接近等比复制的活体，似乎是病毒。RNA 信息与简单的蛋白结构确定了病毒个体的完整性，复制与传播也变得颇为简单。而真正接近等比复制的科学手段，一个通用的例子是 PCR（聚合酶链式反应）。它是通过化学手段，让目标 DNA 链条反复进行双链拆解与

单链复制，迅速扩增 DNA 数量。核酸检测的环节之一便是 PCR。整个过程很像生物意义上的"复制—粘贴"。病毒与 PCR 都在最基础的生物信息层面达到了近乎 1∶1 的复制效果。这种复制逻辑不完全符合人类对克隆人的想象，但十分符合现代医学工业的需求。疫苗的培育与量产、器官的培育与移植——模块化

◉ 图 4：复制与流变——莫里茨·科内利斯·埃舍尔 1938 年的木雕版画《天与水 I》。图片来源：Wikimedia Commons Fair Use

的可复制性早已深入医学的各个方面，或许这一路径才会在未来真正引发具有社会及科幻意义的伦理变革。

从生物到非生物，从人类到后人类，电子信息的复制也是一个面向未来的主题。其核心并不新鲜——莎草纸、竹简、羊皮卷的"抄本"即是人类复制、保存并传播信息的方式。时至今日，我们拥有了纸张与印刷、电脑与"复制—粘贴"，似乎人类复制与保存信息的能力已达到高级且永恒的境界。我们既可到博物馆观赏千年前的甲骨文，也可在网络上找到它的图片或文本的电子复制品。学者认为，数字时代的复制（信息、文本、图片、动态影像、声音等）已达到记忆与储存的合并，是一种新型的档案学。现在，复制的另一重意义更加凸显，那便是保存。

进入现代世界，人类生活节奏加速，复制承担了减缓信息消亡的任务。一方面，"复制并转发"类的操作扩张了信息的广度；另一方面，"复

制并保存"类的操作增加了信息的留存。古代石碑的刻字或岩壁画记录了先人的历史，是信息传达的静态模式。电子时代的复制与保存则包含了背后的动态过程——鼠标点击"复制"与"粘贴"，一段文本被复制到另一地方，但真正维系着这种表面静态的，是屏幕本身的刷新、软件背后的算法逻辑、赛博世界的信息流动。每时每刻，复制与被复制的"内容原本"皆为流变，被转化为不同的离散瞬间。这一过程是数字文化的新现象，也是复制行为本身的复杂化与多重动态机制。

当复制与存储依赖动态机制，物质媒介的重要性就愈加明显。石刻字画易遭受风雨侵蚀，竹简或卷轴画会腐烂，湿壁画或油画会变质。到了当代，数字存储媒介的迭代速度变得更快。我们经历了留声机、磁盘、光盘、移动硬盘后，纸张储存竟显得更为长久。于是，将信息从一种媒介复制到另一种媒介，成为必然。人类忙于在不同媒介之间记录和复制集体记忆。此类复制，要求对脱离媒介的信息结构有所把握，比如，将声音震动转化为电磁波动的无线电信号。电报的继电器即是某种视觉与听觉的互相转化，既涉及媒介，也涉及不同感官之间的互通。早在19世纪，人们便有了连接视觉和听觉的想法，开始研究感觉的生理基础。进入21世纪，混合现实、互动体验等复杂机制，会带来更为复杂的信息复制逻辑，我们也即将拥有更为综合的媒介存储手段。

新媒介的诞生总伴随着旧媒介的式微与消亡。进入现代社会，大批媒介将因其品质或商业时运而被淘汰。布鲁斯·斯特林的"死亡媒介项目"（Dead Media Project）便在收集"过早死亡"的媒介产品，它们象征了当代媒介文化的先驱。人们了解斯特林往往是通过他与威廉·吉布森合作的赛博朋克科幻小说，但他的先锋视野不仅局限于文本。"死亡媒介项目"收集终将死亡或被边缘化的媒介产品，以保存它们对信息的复制与存储方式。不同厂商的磁带、CD、软盘等都是目标，还包括很快将破产但仍一息尚存的小厂商。立体视镜、全景画、音乐电传机（teleharmonium）、

CD-i（一种交互式 CD-ROM 播放器）等都在其中。现代社会的废墟规模就这样呈指数级增长。在未来，"死亡媒介"也会进入展厅，进入博物馆，成为古董。它们不仅是逝去的废弃用具，也是一种被淘汰的复制方式。

我们说，世上没有一模一样的两片叶子，人也无法两次踏入同一条河。说到底，复制是一种人类的策略。我们处于不断衰变的、熵增的宇宙，复现一模一样的事物，也是一种追求熵减的行为。复制的基础是如何理解世界，如何解析世界的结构，如何重复世界的信息，如何将这一切存储并再现。这一过程必将永远处于动态的流变中。表面上看，复制、反复复制，是重复的、无聊的、机械的行为，宛如西西弗斯推动岩石。但将其置于自然与宇宙的广阔维度之中，每一次重复都是试验，都将耗费创意与资源，也必将淘汰更多的实验品与旧事物。人类不断前行，无数废墟落于身后，复制也变为一种向无尽的死亡的致敬。[end]

参考资料：

Perspective as Symbolic Form（《作为象征形式的透视》）
Erwin Panofsky, Christopher S. Wood; New York: Zone Books; Cambridge, Mass.: Distributed by the MIT Press, 1991

《论绘画》
[意] 阿尔贝蒂著，胡珺、辛尘译，江苏教育出版社，2012 年

《媒介考古学：方法、路径与意涵》
[美] 埃尔基·胡塔莫、[芬兰] 尤西·帕里卡著，唐海江译，复旦大学出版社，2018 年

《观察者的技术》
[美] 乔纳森·克拉里著，蔡佩君译，华东师范大学出版社，2017 年

专题·Feature

- REPLICATE -
复制品：无限接近 1:1

仿制品 | 独立品

02 02

◷ 21'

流水线
与花样游泳

Assembly Line
and Synchronized Swimming

written by 大卫·E. 奈（David E. Nye）   translated by 史雷

大卫·E. 奈是南丹麦大学美国研究荣休教授。他出版过 20 部专著，得到美国国家人文基金会、美国学术团体、利弗休姆基金会、丹麦和荷兰国家研究理事会的资助。2005 年获得技术史学会的最高荣誉——列奥纳多·达·芬奇奖章。2013 年由丹麦女王授予爵士称号。

流水线与花样游泳
Assembly Line and Synchronized Swimming

流水线自1913年诞生的那天起,就再也没有停下前进的脚步。世界上几乎每一个工业化国家都把流水线视为大规模生产的代名词。流水线曾经是工人的一大福音,赢得过广泛的赞誉;也曾因为被看作残酷的剥削手段而备受指责。流水线的出现,为小说、诗歌、流行歌曲及交响乐等艺术形式赋予了创作灵感,也为讽刺作品和启示录提供了想象的空间。纳粹德国曾经把它视作至宝,就连美国人也坚信底特律的生产线完全可以确保美国在第二次世界大战和"冷战"中取得胜利。

流水线在特定的时间(1908—1913年)、特定的地点(底特律)出现在特定的产业(汽车产业)中。对于美国来说,这几十年是其生产出节约生产力的新设备、涌现新的管理思想、对金属合金进行改良、提高机床精密度及进行生产试验的鼎盛时期。正是美国为流水线的诞生提供了最适合的土壤。文化背景决定了一个国家是培养还是拒绝一项新技术。在亨利·福特出生之前,速度、加速度、创新、可互换零件、均匀性和规模经济都已经是美国宝贵的财富,而流水线这个概念也深深植根于人们每天的生活中了。

> 速度是人类社会发展最重要的因素之一。

1851年,英国观察家在水晶宫博览会上发现,美国展出的机器设备要比其他国家的同类产品更加易于操作。一位参观者感到,美国人已经把对速度的热爱和个人生活融合在了一起:"还有谁能够超越他吗?他的脚步是如此之快,以至于那些追随者只能望着他的背影感叹不已。这个人毫无疑问就是美国人,他可以比其他人更快地跑完10英里。他可以驾驶速度最快的船和蒸汽汽车。还有谁能在吃饭速度上与美国人一争高下吗?"

1916年,在一本名为《汽车行业的罗曼史》的书中,詹姆斯·杜立德宣称:"速度是人类社会发展最重要的因素之一。"根据杜立德的观点,在世界每一次向前迈出一大步的时候，速度都扮演了非常重要的角色。速度是行动与不行动之间的界限，是效率的代名词，是痛苦与幸福的评判标准，是今天的文明世界与过去愚昧、悲惨的黑暗时代的分水岭。他很直接地表示速度就是衡量文化进步的标尺，生产和消费的提速对人类情感产生了深远的影响。

美国大约在 1800 年便将土地标准化，这种做法简化了土地的出售程序，消除了地域之间的差异，加快了全国人口的迁移速度。他们的后代将这些土地划分为网格状，并且通过一套四通八达的运输体系加快货物的流通，进而在整个美国形成了一个统一的市场。19 世纪 40 年代中期，随着电报、通讯社和电话的发展，第三代人已经习惯了信息的快速流通和标准化。到 19 世纪 80 年代，第四代人将这些改变与时间的标准化和统一的时刻表结合了起来。这一切不仅为流水线的诞生提供了先决条件，而且还让"加速度"成为美国的社会价值观。到了 1920 年，美国社会已经接受了这种将空间、时间和信息的标准化进行细化的技术系统，消除了对加速度的限制。

流水线诞生的客观条件是什么呢？当时，大约 1900 家工厂中，大部分都是靠蒸汽机提供动力的。这些工厂中装配的蒸汽机设备通常有好几层楼房高，其动力源主要集中在底层，通过齿轮、传动轴和传送带为机器提供动力。由于传输的动力以物理运动为主，因此其大部分动力要靠传输系统自身的运转来维持。工厂的规模越大，其在传动轴、传送带和齿轮方面的投资就越多，供其运转需要的动力就越强。规模较大的工厂往往会建造很多套动力系统。电动机的出现解决了长距离动力传送的难题。电动机诞生于 19 世纪 80 年代，10 年后其技术已趋于成熟。工厂只需要把电动机与位于高处的现成的驱动轴连接在一起，或者利用它驱动小规模的设备群。一旦解决了动力传送的问题，工厂就不再需要围绕动力源建立多层结构了。

为了向庞大的市场提供标准化的汽车，福特公司在底特律的高地公园新建了一家工厂，于 1910 年 1 月 1 日正式运营。汽车产业之所以适合

流水线与花样游泳
Assembly Line and Synchronized Swimming

流水线，是因为它是由大量的零部件组成的——早期的 T 型汽车大约有 1000 个零部件。福特的高地公园工厂聚集了大批深谙美国生产质量规范的管理者和工程师。亨利·福特本人曾经在底特律爱迪生公司的发电站做过工程师，也在机工车间做过技工，甚至干过一阵子钟表修理工，这些工作让福特在电力、机械和精密加工等方面积累了不少经验。他深知电力传动和通用零部件的重要性。

> 整个工厂共有 7882 项工作。其中，只有 949 项重体力作业需要由身体强壮的男性工人来完成，另外 3338 项工作只需身体条件一般的工人即可完成，剩下的 3595 项工作，分配给身体条件稍弱的工人即可。

我们可以从五个方面来概括流水线的特点。

第一个特点是进行劳动分工。福特汽车公司的管理者把流水线上所有的操作细分为时间均等的若干项工作。20 世纪 20 年代早期，福特成立了一个由 60 多名职员组成的时间研究部门。当任何一个操作环节的时间发生改变时，流水线上的生产和安装就会重新计时。有些简单的重复性工作，操作时间不到 1 分钟。简化工作的好处之一就是能够让每一名装配工人在最短的时间里掌握流水线的每一项操作，而且很多操作根本不需要培训。亨利·福特在他的自传中写道："根据我们的分析结果，某一行业的劳动分工越细，它所提供的适合于所有人群的工作岗位就越多。"

流水线的第二个特点在于那些不需要最后进行打磨、锉削和抛光就能实现良好兼容性的通用零部件。福特公司效仿了兵工厂的运作模式，将每台机器设备的功能单一化，进而为每个零部件制定了严格的精密标准。一台机床经过调整，几乎可以适用于所有零部件的生产，美中不足的是每一次生产都要在调节方面花费大量的时间。为了提高流水线的效率，每一台机器的设计理念都是围绕着单一的功能制定的，从而加快生产速度。随着

专题 · Feature

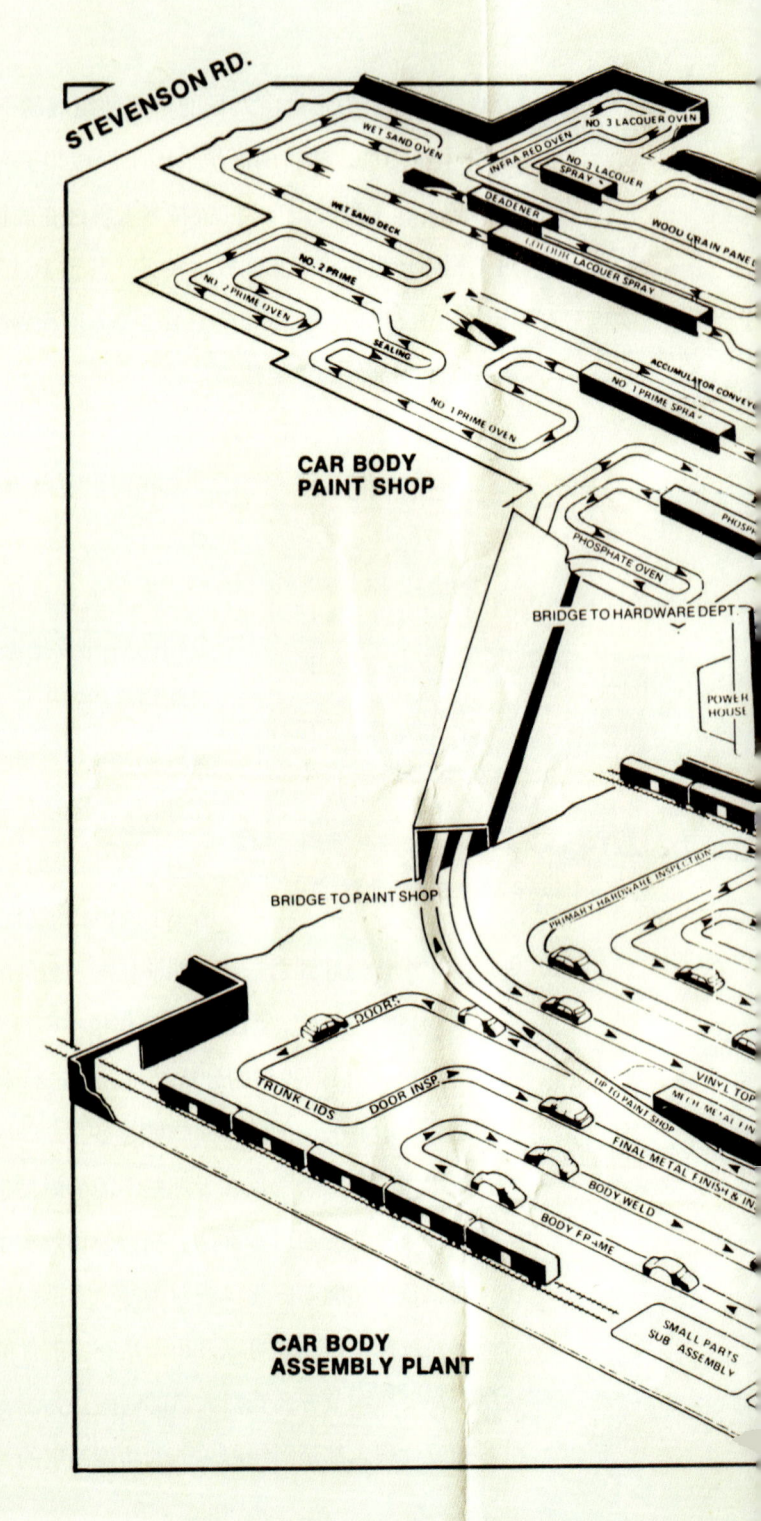

图1：1984年通用汽车公司在加拿大一个工厂的流水线的宣传图。
图片来源：Wikimedia Commons Public Domain

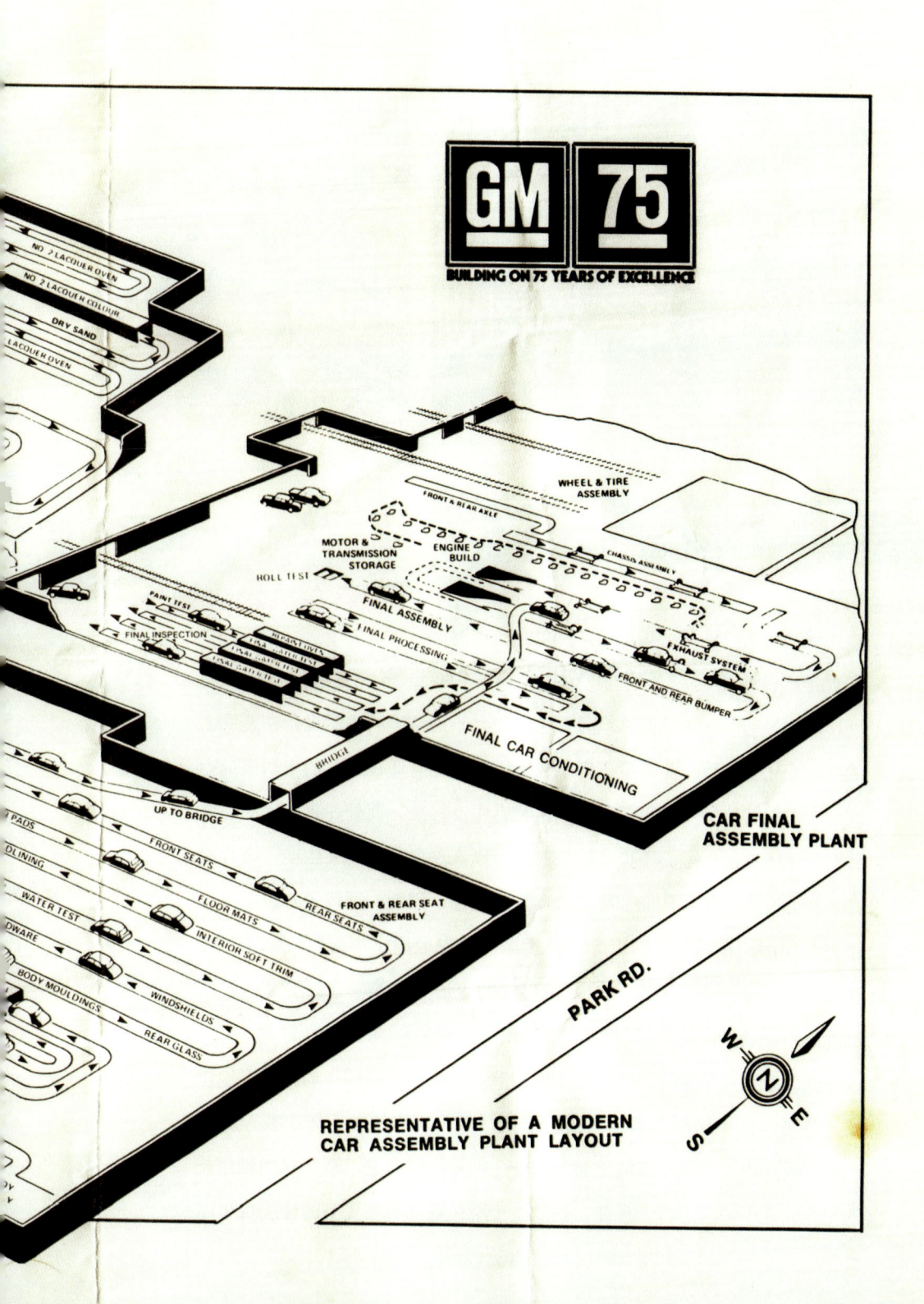

流水线与花样游泳
Assembly Line and Synchronized Swimming

GM | 75
BUILDING ON 75 YEARS OF EXCELLENCE

CAR FINAL ASSEMBLY PLANT

REPRESENTATIVE OF A MODERN CAR ASSEMBLY PLANT LAYOUT

专题 · Feature

图2：1913年，高地公园工厂外面生产T型汽车的流水线终端。图片来源：Ford Company / Public Domain

图3：1913年，在高地公园工厂的第一条移动流水线上，工人们正在为福特汽车组装磁电机和飞轮。图片来源：Wikimedia Commons Public Domain

生产规模的不断扩大，对专业机床的巨额投资能够实现可观的经济效益，这是小型制造商无力负担的。

单一功能的机器虽然重要，但是它还不能实现零部件规格的完全精确。为了提高精密度，电力传动装置的重要性就显现了出来。不同类型的机器设备在速度上的细微变化会导致产品质量出现差异。因此，只有通过独立的电动机进行驱动，才能够让每一个零部件都完全符合生产标准。此外，良好的照明设备对于精密加工也是必不可少的，并且可以实现全天不间断生产；进行精密操作的时候，灰尘往往会导致机器发生故障，因此，通风设备也发挥了重要的作用。在高地公园工厂，持续运行的电风扇每小时可以净化大约2600万立方英尺的空气。总之，电气化的应用使零部件达到更高的生产标准成为可能，这是第三个特点。

第四个特点是福特的管理者提出的观点：机器设备的布局应当以操作顺序为主，而不是根据其类型进行摆放（如将所有的冲床集中在一起）。在此之前，由于机械设备的重量及其产生的振动等问题，福特只能将相关的工作放在平地上进行。现在，新的生产结构意味着在更高的楼层也可以将原材料加工成零部件。零部件加工完毕后，在"流动"到地面的主流水线之前，完全可以在另外一条流水线上先局部装配。最后，组装完成的整车将被放置在厂房外面的停车场上。

流水线的第五个特点是将零部件和局部装配从一个生产平台自动传送到下一个生产平台。屠宰场也曾经使用过类似"拆卸线"的工艺。福特的管理团队利用重力滑行和传送带将装配任务送到工人面前的适当高度，从而消除了由于操作大型起重设备、弯腰、眼睛疲劳等因素导致的不适。福特还彻底取消了20多项需要利用手推车的工序，因此大大缩短了每道工序之间的距离并解决了由此产生的库存问题（过去，备用零部件遍布在传送带上）。

1909年，使用旧方法组装一台T型汽车至少需要12小时，但是到了1914年，流水线让这一时间缩短到了93分钟；同样数量的工人在1914年组装汽车的数量要比1909年多出775%。监督工人的工作也变得更加容易。每一个零部件是否达到了组装的标准，通常都会由接下来的各项工序进行检验，任何组装上的瑕疵都会影响后序工作的正常推进。亨利·福特认为可以通过降价销售扩大市场份额。他不顾公司高管和董事会成员的反对，持续降低T型汽车的销售价格，此举不仅刺激了市场对T型汽车的需求，而且帮助福特实现了规模经济的目标。当亨利·福特将其他股东手中的股票全部收购之后，已经没有人再反对他的经营策略了。到了1926年，每辆新款T型汽车的售价还不到300美元。

> 如果福特当选总统的话，他会在白宫安装一条传送带，并且在内阁中组建成本核算局。

流水线第一次出现在世人面前就获得了广泛的赞誉。1913年，各大报纸报道了福特汽车公司"每40秒生产一辆汽车"的新闻。工厂管理者、工程师和科学家一直以来都在寻找能够节省人工的技术和机器设备,在更短的工作时间内生产出更多的产品已然成为革新的重点。

面对流水线的横空出世,人们只知道它是一种新玩意儿,将以前的某些趋势发展到了顶点。由于在 1914 年之前除了福特汽车公司,外界还没有任何有关流水线的雏形,因此流水线的面世必然产生轰动的效果。大多数公众更想一睹流水线的"庐山真面目"。为了应对源源不断的参观者,福特汽车公司在 1916 年雇用了 25 名全职导游。后来由于大量的参观者会干扰工人的正常工作,福特决定在人们不再对流水线感到那么好奇的时候才继续让人们参观工厂。美国前总统威廉·H. 塔夫脱来到福特汽车公司后对流水线的评价是:"不可思议,太不可思议了。"一位记者将福特的工厂比喻为"国家的标志和新尼亚加拉大瀑布"。从纽约州的罗切斯特市慕名而来的 20 位商人在高地公园工厂进行了一次朝圣般的旅行。福特的汽车工厂就像一座浓雾中的灯塔。

1921 年,一本以汽车行业为题材的小说《黄金马蹄铁》(*Gold Shod*)讲述了一位白领入职后由一名导游全程陪同参观汽车工厂的故事。在参观工厂以前,他对汽车的理解仅仅限于汽车在芬芳的乡间小路上飞驰,然而参观结束之后他的感受却是:"我看到了……巨大的冲床将钢板压成了汽车的挡泥板,看到机工车间里的旋转带、喷漆工艺、木工工艺、汽车内饰以及最终的组装。"与他之前在传统的制鞋企业从事的广告文案工作相比,这里确实存在着某种吸引他的力量。他看到了制造中的产品,看到了正在工作的身材魁梧的工人。在感受到这种震撼之前,他终日四处飘荡,没有人生目标,对一切事物都带着一种"梦游般的冷漠"。然而,流水线工厂彻底改变了他的思想,加快了他与时俱进的步伐。早在 19 世纪 30 年代,当美国人谈到铁路的时候,同样把它提升到了"道德机器"的思想高度。对于流水线工厂的参观者来说,他们此时的心情应该和那个时候是一样的。

流水线与花样游泳
Assembly Line and Synchronized Swimming

在 1924 年出版的小说《淬火》(*Temper*) 中，一名汽车工人说："当你置身工厂的时候，你会感受到一种发自内心的震撼。当你和工厂的节奏保持一致的时候，你会发现自己的心跳和呼吸与以前完全不同了。每一个站在流水线前面的工人，他们的身体都会跟随着机器的摆动而前后摇摆，不是工人之间的摇摆，而是伴随着机器的节奏。只有在每台机器前面的工人才能感觉到正确的节奏。你会发现这种节奏来自你脚下的地板，来自你抬手就能拿到的每一个扳手，来自只有工人工作时才听得到的充斥双耳的喧闹。"这样的工作环境势必对某些工人具有强大的吸引力。即使男主角因为受伤失去了一只手，工厂依然深深地吸引着他。当他重新回到工厂从事一些简单的劳动时，他仍然能够感受到熟悉的节奏。男主角深深地吸了一口气，似乎要将这个地方的灵气全部吸到肺里，重新感受那已经和自己的血液融合在一起的钢铁意志。

受到大众欢迎的福特汽车让亨利·福特名声大振。1924 年的草根运动 (Grassroots Movement) 使得福特获得了美国总统候选人的资格，《论坛》杂志对此调侃道："如果福特当选总统的话，他会在白宫安装一条传送带，并且在内阁中组建成本核算局。"在繁荣的 20 世纪 20 年代中期，流水线、T 型汽车和福特已经成为人们茶余饭后的谈资。当时不仅没有"福特主义"这个词汇，人们也很少将流水线视为劳动力或者没有灵魂的机械化的替身。

> 当舞蹈演员如经过数学精密计算那样将腿抬过头顶时，她们肯定会陶醉在这种理性的进步之中。

1908—1940 年，专门为赞美亨利·福特及其品牌的汽车创作的歌曲就超过了 60 首。1927 年 4 月 16 日，谢尔盖·库塞维茨基 (Serge Koussevitzky) 指挥波士顿交响乐团首演了弗雷德里克·康弗斯 (Frederick Converse) 的作品《100 万辆廉价的小汽车》。该剧以交响乐的形式再现了 T 型汽车的风采，用交响乐乐器模拟工厂汽笛、

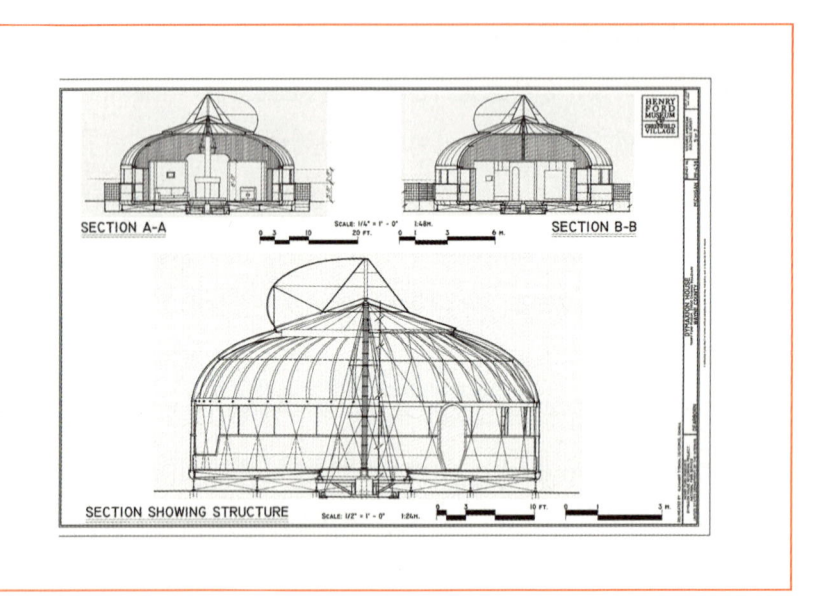

风声模拟器、铁砧和汽车喇叭等声音。这部作品由八幕组成。第一幕"底特律的黎明"中不时回响的汽车喇叭声让人想起现代交通的紧张节奏。在"劳动的召唤"这幕中,汽车工人纷纷来到工厂。在第三幕"喧闹的制造者"中,流水线的轰鸣声不绝于耳。接下来的一幕是"英雄的诞生——金属制造的尝试",英雄实际上指的是汽车,剧中下线的汽车开始了全球探险之旅。第五幕是非常有创意的"5月傍晚的公路"。第六幕名为"快乐的车手——美国的荣耀",在该幕的引导下,演出进入当晚的高潮:"碰撞——美国的悲剧"。在最后一幕"重生"中,我们的主角——汽车,重新回到高速公路上继续自己的旅行。

人们对流水线和大规模生产的热情还延续到了教育、艺术等领域。富兰克林·博比特(Franklin Bobbitt)于1918年出版的《课程》(*The Curriculum*)一书认为教育的灵感可以来自生产制造,他还提议对不同的

◐ 图4:对于大规模生产行业来说,工人的住房问题是一个无法回避的现实。1927年,R. 巴克敏斯特·富勒设计了"最大限度利用能源住宅"(Dymaxion house),于1945年重新改进。这种节能房屋使用预制的标准零部件,核心设计理念是便于移动和组装。富勒希望以一辆凯迪拉克汽车的价格将它销往全世界。图片来源:Historic American Buildings Survey (Library of Congress) / Public Domain

流水线与花样游泳
Assembly Line and Synchronized Swimming

◐ 图5：富勒激进的房子没有流行起来，不过第二次世界大战后，房地产开发商、"现代郊区之父"威廉·莱维特（William Levitt）开发出真正适合大规模生产的房屋。他在长岛建造了一大片统一式样的住宅区，门、窗、家装用品等全部标准化作业，施工队以流水线的方式一栋一栋地完成打地基、砌墙、盖屋顶等工作，平均16分钟即可建成一座房，仅售8000美元。这种千篇一律的房子虽然备受批评，但购房者仍然排起了长队。图片来源: Wikimedia Commons Public Domain

教育产品实施标准化。博比特建议将知识具体细分；在工厂生产实践的基础上派生出的标准化测试，则被认为能够有效地保证教学质量。

人们在20世纪二三十年代对机器的审美观对现代的建筑、绘画艺术风格的发展产生了重要的影响。1927年，在纽约举办的"新机器时代博览会"充分展现了这种新的审美标准。参展作品有来自波士顿齿轮公司生产的齿轮、起重机公司生产的阀门、柯蒂斯生产的飞机引擎，以及斯图贝克生产的曲轴等机器和零部件。大规模生产已经成为电影、摄影和舞蹈中的重要现代主义象征。费尔南德·莱热（Fernand Leger）的作品《机械芭蕾》用钢琴发出汽笛、喧闹的交通及制造工业产品的声音，并且要求演员在钢琴激情的伴奏下像流水线上的机器那样机械化地重复动作。《机械芭蕾》在演出时将分贝值调到最高，同时将很多段落反复演奏多次，就像工厂里的机器设备那样重复着同样的动作。

专题 · Feature

　　同年，女子舞蹈团开始尝试以一条直线的形式同时起舞，她们踢腿和做手势的节拍整齐划一，每一个女孩儿都成为这条直线中的"通用"部分。公司在招聘演员的时候，对她们的身高和体重都有严格的要求，因为必须保证这些女孩子能够穿上完全相同的衣服。舞蹈团表演时站成一条直线，这完全借鉴了流水线的审美标准，大批的观众需要买票才能看到这些舞蹈演员是如何将大规模生产的基本原理应用到展现人体美的演出中的。1927 年，齐格弗里德·克拉考尔（Siegfried Kracauer）注意到了这两者之间的联系，声称这种表演形式是死板的资本主义制度的典型代表。他将这种独特的现象归结为可互换零部件在流水线中发挥作用。当舞蹈演员像蛇一样在舞台上起起伏伏的时候，她们就如同没有性别之分的运动员那样被剥夺了个人的独立性。克拉考尔认为，当舞蹈演员如经过数学精密计算那样将腿抬过头顶时，她们肯定会陶醉在这种"理性的进步"之中，她们不断重复着同样的动作，正如那条不会间断的汽车流水线将一辆辆汽车从工厂运送到世界各地，她们会对此时此刻感到无比地荣耀。舞蹈演员的舞蹈代表了工厂车间的重复工作。

　　除此之外，这一年又兴起了另外一种表演形式，即一大群人身穿统一的服装通过体操的形式组成各种不同的图案。这类表演通常在体育馆或广场上举办。花样游泳是另外一种自发性的体育活动，它将工业生产中的可互换性及产品的流动方式引入了流行艺术领域。这项运动在 20 世纪 20 年代的芝加哥非常流行，并且在 1933 年举办的世纪进步博览会中成为瞩目的焦点。60 位"现代美人鱼"的表演点燃了现场观众的热情，类似的水上娱乐项目在 20 世纪 30 年代末的纽约和旧金山博览会上也同样大放异彩。

　　尽管大萧条时期的社会经济环境非常糟糕，

◉ 图 6：1900 年的剧院海报《欢愉舞团的华丽盛会》。图片来源：United States Library of Congress's Prints and Photographs division / Public Domain

科学与工业的结合造福人类。

流水线与花样游泳
Assembly Line and Synchronized Swimming

37

但是人们对于流水线的热情并没有随之消退。对于大多数人来说，只要公众的消费能力能够与不断进入市场的商品保持相同的增速，那么流水线依然是美好未来的代名词。1931年，帝国大厦根据流水线的工作原理，只用了不到2年的时间便宣告完工。可互换零部件加快了窗户的安装速度，石材也按照预先切割好的标准尺寸运输。诸如拱肩、钢竖框和石材都是根据能够高精度大量复制的标准而设计的。在工厂内部，每层楼的边缘都安装了临时的窄轨铁道，方便四轮推车运输零部件。在帝国大厦建造的过程中，最巅峰的时刻就是工人只用了10天的时间就用石料完成了14层楼的建造任务。

1933年，"世纪进步博览会"在芝加哥举办。大会的主办方没有采用前几届比较流行的新古典主义建筑风格，而是以豪华和现代的风格取而代之，这种设计也与本届博览会的主题——"科学与工业的结合造福人类"相对应。各种工业产品成为此次大会的焦点。美国罐头公司展示的罐头加工机器充分体现了流水线对于现代产品的创造性。此外，参观者还看到了火石公司生产的新型轮胎、卡夫食品生产的蛋黄酱、可口可乐出品的瓶装饮料，还有一种每分钟能够切400片的培根切片机，培根切好后通过传送带由"身穿统一、整洁制服的女孩子"进行包装。本届博览会中最受欢迎的展厅当属由阿尔伯特·卡恩设计并花费上百万美元打造的通用汽车流水线生产车间。通用汽车的这条流水线生产车间比福特于1915年在旧金山建的工厂还要大。展厅包括一条能够容纳1000人同时参观的完整的汽车生产流水线，能够让参观者从不同的角度观察汽车的生产过程。生产汽车的原材料从这边的入口进入流水线，从对面的出口出来的时候就已经变成了一辆完整的汽车。往往人们在参观完毕之后做的第一件事就是订购一辆刚刚组装好的汽车。参观者可以在汽车组装之前选择自己喜欢的原材料，之后，伴着流水线的轰鸣，他们就可以从大厅的另一侧将爱车开走了。

现在，福特公司在流水线领域一枝独秀的局面已经一去不返了。1934

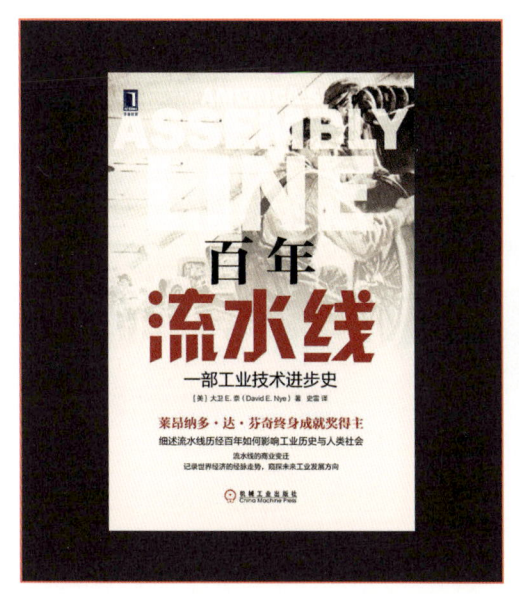

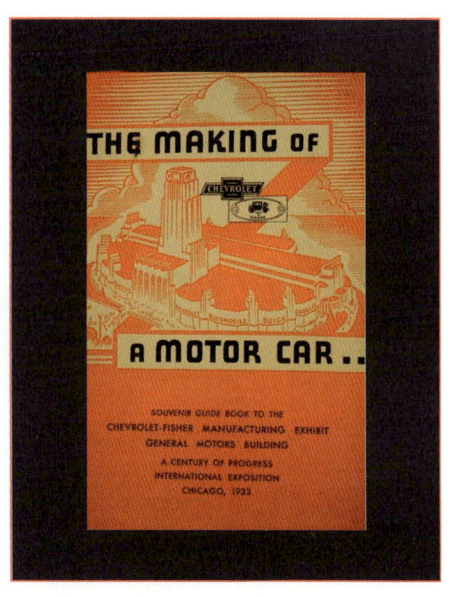

流水线与花样游泳
Assembly Line and Synchronized Swimming

◎ 图7：本文节选自《百年流水线：一部工业技术进步史》，[美] 大卫·E. 奈著，史雷译，机械工业出版社 2017 年 09 月版，有删改。由出版社授权发布。

◎ 图8：1933 年世纪进步博览会上，通用汽车展厅的宣传手册。图片来源：chicagoulogy.com / Public Domain

年，纽约的现代艺术博物馆举办了名为"机器艺术"的专题展览。博物馆馆长菲利普·约翰逊（Philip Johnson）在馆藏目录中将机器设备所具有的审美特质归纳为"精确、简约、稳重及可再生性"。可以说，可互换零部件和流水线的应用完美诠释了这些特征。在长达一个世纪的时间里，流水线在朝着更加高效、更加繁荣这一目标前进的过程中取得了至高的成就。流水线对操作程序的细致分工，为包括聋哑人、盲人及失去双臂的人在内的所有人提供了工作岗位。流水线还在每一种形态的社会的进步过程中发挥了重要的作用，它的出现让工人拿到更多的薪水，让交通运输更加快捷，让工人的住房条件得到改善，甚至还降低了物价水平。流水线不仅在世界博览会上大放异彩，而且在音乐和现代艺术领域为人们所赞美。尽管外界的批评之声不断，但是流水线在其诞生的最初 20 年里，受到的赞美之声足以消除那些针对它的质疑。[end]

专题·Feature

- DERIVE -
仿制品：有差异的复制，衍生出新的特性

复制品　　　　　　　　　　　　　　　　独立品

03 03

🕐 12'

让你的乐高
拥有无限可能

Make Everything Possible
with Your Lego

written by 鹿麟

没有奥运会拍的体育记者，信用卡刷爆了的乐高玩家，护照过期了的环球旅行家，自学成才的模拟飞行员。

让你的乐高拥有无限可能
Make Everything Possible with Your Lego

本文图片全部由作者提供。

我希望乐高能更多地鼓励玩家使用无限可能的乐高砖块搭建出更多造型。因为一旦拼搭完成，模型变成了家里的一个摆件，你不再动它，乐高就死了，就不再拥有那些无限可能，变得和一只花瓶、一幅水墨画、一尊雕塑之类的物件无异。

Q1 离线

拥有的第一套乐高玩具是什么？现在的收藏大概有多少？

我的第一套乐高玩具可能要追溯到 1998 年，是警用直升机和它的拖挂车，好像是当年的生日礼物。再到 1994 年，有了一套国产的乐高式玩具，是一所警察局。现在家里基本上只有原厂的乐高套装，大大小小大约四十套吧。

专题 · Feature

Q2 离线

在已经完成拼装的乐高中，最喜欢哪一套，为什么？

乐高套装设计得都很棒，很难决定哪一套是我最喜欢的。强说的话，我在铁路系列上投入的精力是最多的。因为铁路系列不仅能让我享受到普通乐高的拼搭乐趣，还可以组建成规模比较大的铁路模型，享受拼搭完成之后的操纵乐趣。而且不同于普通乐高遥控模型，三列火车同时在线路上跑，对调度能力和手速也都是挑战。

Q3 离线

最近完成的乐高是哪一套？

最近完成的乐高是"国际空间站 21321"。我从小对航空航天比较感兴趣，也一直关注国际空间站的动态，拿到乐高模型之后，就决定按照国际空间站本身的建造过程来搭建。不过乐高为了完成体的坚固耐玩做了很多一体化的设计，我为了还原真实的空间站，动用了很多库存零件进行了临时改装。我不想只把模型拼好摆在家里图个好看，而是希望能重现它背后的一些故事。

让你的乐高拥有无限可能
Make Everything Possible with Your Lego

Q4 离线

那就跟我们分享一些有趣的事情吧。

从 1998 年第一个舱段曙光号功能货舱上天，到 2011 年以航天飞机退役为标志的国际空间站建成，每一时段的空间站的形态都有变化。即使是 2011 年至今，也有舱段或组件变换位置。比如 3 号增压对接适配器 PMA-3 从宁静号节点舱左对接口移动到了今天的和谐号节点舱上对接口；莱昂纳多号永久性多功能舱从团结号的下对接口移动到了如今的宁静号节点舱前对接口；还有龙货运飞船、龙载人飞船、天鹅座货运飞船等新航天器参与空间站补给任务等，这些都是在乐高国际空间站模型搭建过程中可以通过自由改造表现出来的。

专题 · Feature

Q5 离线

每个人最开始玩乐高基本都是从严格按说明书操作开始的。什么时候开始有一种"不再按图拼装，而是玩出了自己的乐趣"的感觉？

对于我来说，或许"不按说明书拼装"的阶段要早于"严格按照说明书操作"的阶段。在 1994—1998 年这个时段，我有一桶国产乐高式的积木，是由四五套大大小小的套装混合成的。这些积木不是全新的，也没有说明书。一个小孩，怎么会在乎说明书呢？那时候每天都完全按照自己的想法拼搭出我喜欢的形态。

后来入手正品乐高模型，至少会在第一次拼搭时严格按照说明书执行（国际空间站是个例外）。因为在这个过程中，能感受到乐高设计师独特的创意。随后我会根据自己的想法在原设计上进行一些改造。比如乐高第二代霍格沃茨城堡 4842 和 4867，这两套是可以组合在一起的。我按照说明书完成搭建之后，再结合我对《哈利·波特》原著的理解，对建筑布局和陈设做了调整，还使用库存零件为城堡加上了底部山石的部分，可以表现出地窖的一些内容。

再后来就是近些年，决定发展铁路模型之后，开始成千上万块地大批量订购零件，然后完全按照自己的设计思路搭建环绕客厅的铁路模型。

让你的乐高拥有无限可能
Make Everything Possible with Your Lego

Q6 离线

目前在制作的"室内铁道项目"的初衷是怎样的？有参考原型吗？

最早想修建铁路模型，大概是因为我挺喜欢乐高的火车模型的。之前在 YouTube 上看到很多国外玩家用很长的轨道从室内连接到花园里，甚至有的铺到鱼缸里。由于我家里没有地方摆放那么大规模的铁路模型，所以就萌生了建设高架线路的想法。

我的第一版铁路模型使用了纯粹的乐高元素进行搭建。除了柜子顶部，其他部分全靠乐高砖块垒起来的柱子支撑。虽然说一根柱子就有两千块砖，很壮观，但实际上既占地方又不是很整洁。后来家里装修，为了增加收纳空间，我把整面墙都做了柜子，客观上让原先的设计变得不可能了，于是就舍弃了纯乐高元素的偏执想法，改成了在一圈木质吊顶上跑火车的设计。而且，在吊顶上搭建铁路模型，不仅可以实现整间屋子整圈环行，还可以扩大使用面积，容纳更多的铁路设施。

专题 · Feature

Q7 离线
现在进行到怎样的阶段了？在技术上和客观条件上遇到了哪些难题？

我过去的那一套铁路模型，已经在 2018 年底家里装修的时候拆除了。从技术难度上说，当时因为追求纯粹靠乐高元素支撑，搭建起来要困难得多。更像是真实地修建铁路，遇山开洞遇水搭桥，全都是因地制宜的设计。比如大跨度的桥梁就有两座，一座是跨过门厅从冰箱到北折返平台的跨度 1.8 米的桥，还有一座是跨过两扇卧室门从南折返平台到书架的跨度 2.1 米的桥。这两座桥是难中之难。乐高这种材料是有一定弹性的，在压力下变形比较大。如果桥梁的变形超过了限度，会影响桥梁本身乃至周围组件的安全。如果不计成本，用堆料的方法也可以造出结实的桥，但是结构效率太低，既不经济也不美观。所以要巧妙地让火车通过的时候桥梁不发生太大变形，这是很烧脑的一件事。

我查了很多资料，也看了很多国外玩家的设计，很少有人用乐高建设超过 2 米的桥梁。我想了很多种方法，也付诸过实践，结果都不理想。直到有一天我在上班路上看见了一段弧形的遮雨棚，瞬间就明白应该怎样搭建了。后来就是用这个办法实现了那两座桥的搭建。2019 年初家里装修完成后搭建了新的铁路模型。由于大部分都有木质吊顶支撑，就没有什么工程难度了，也只保留了跨越门厅的跨度 1.8 米的桥。我在原设计上做了一些改进，进一步提升了结构效率。

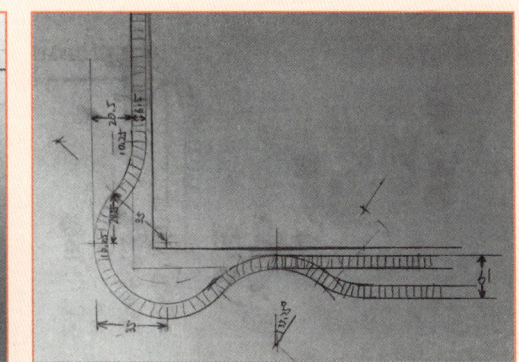

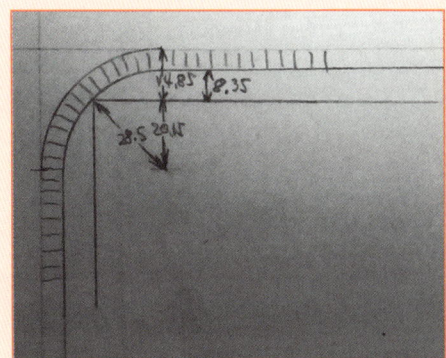

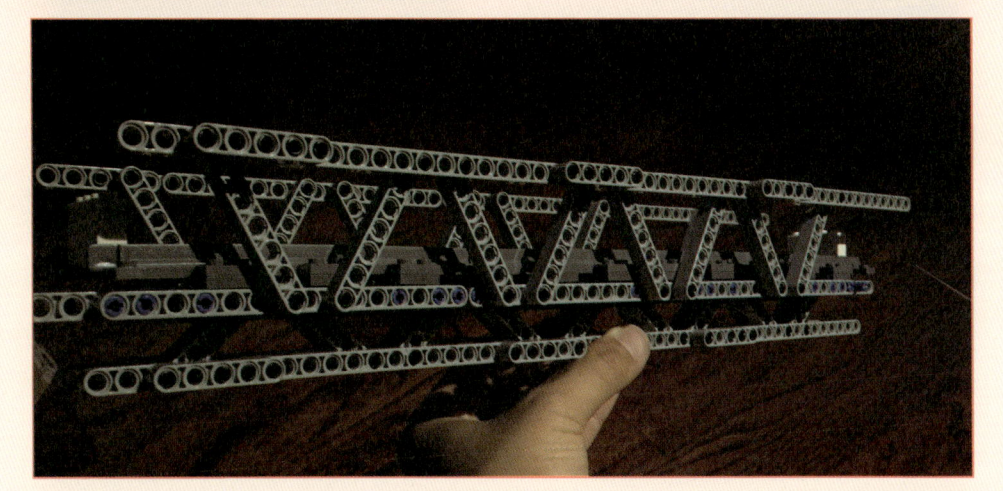

让你的乐高拥有无限可能
Make Everything Possible with Your Lego

Q8 离线

跟我们描述一下它竣工后的形态吧。

火车可以环绕整个客厅行驶，单线运行。设有三座会让站，每一座会让站都拥有一到两条到发线，平时可以用来停车，还有两条单独的尽头线用来停放更多车辆，此外还有一条牵出线，设置了乐高上轨器，方便把车辆保养之后重新放回轨道上。铁路上的设施有站台、站房、龙门吊、信号机、警冲标等，一应俱全。未来还会持续丰富场景的设置，增加更多的建筑。乐高出新车了也是要买的。

Q9 离线

从单纯组装乐高到用乐高创作，你认为"创造"的过程相比"复制"拼装的过程有什么不同？是单纯的进阶吗？

我认为拼搭成品乐高更多地是体验乐高模型设计的精妙、陈列状态下的视觉美感，还有拥有心仪模型后的满足感，甚至有花钱的快感。有些乐高模型可以电动遥控，在体验拼搭乐趣之余还可以体验互动的乐趣。我觉得自己创造的过程分两种，一种是自己拼搭出喜欢的造型，比如我因为喜欢纽约地铁就自己拼搭了一辆，另一种是根据自己的需要拼搭出解决实际问题的组件，比如我为了搭建铁路模型而设计了桥梁。自己搭建的过程更自由，更能发挥想象力，更考验动手能力，更加有挑战。按理说两者截然不同，各有千秋。但是我觉得还是用乐高搭建大型组件更帅气一些，更能体现玩家的手艺。而且，我不想让家里变成只有一个个搭建完成的乐高套装的"乐高店"。

Q10 离线

现在还能从拼装的过程中获得乐趣吗？或者说，最开始那种"复制"的乐趣降低了吗？

我认为乐高给人带来的乐趣是无穷的。在很多关于乐高的介绍文字里都会提到"六块 2×4 砖能搭出 9 亿多种造型"，有一张 1959 年的乐高宣传画展示了同一套砖块可以拼搭出的 18 种造型。你每天都可以用它们拼搭出自己喜欢的造型，就像我在小学时期做的那样。但实际上绝大多数人都不会自己拼搭新的乐高模型，也没有能力拼搭出具有专业乐高设计师水平的那种模型，甚至都不会

专题·Feature

拆掉拼好的模型再拼搭第二遍。乐高大概考虑到了这种情况，所以出了很多 2 in1 或 3 in1 模型，让你一次购买获得双倍或者三倍的快乐。

对于我来说，我的乐趣在于设计自己的模型，然后发现问题、分析问题、解决问题，然后再改建和扩建，反复不断，同时体验"复制"乐高套装带来的心旷神怡。如果只体验"复制"乐高套装的乐趣，那这种乐趣大概只能持续从购买到拼搭完成后的一小段时间，如果想再次获得乐趣，那就再买一盒乐高吧！

Q11 离线
向乐高提一个建议，让所有玩家玩得更开心。

作为火车玩家，我希望乐高能出品更多的火车模型。历史上乐高有过很多款经典的火车造型，有一部分虽然已经停产但仍然被玩家追捧。但很多人都苦于火车的车厢太短，那些原厂套装通常只有两三节车厢，比如蓝车头

货车 60052、红车头货车 60098、绿车头货车 60198。我要么在网上搜罗单独卖的车厢，要么把三列合成两列甚至一列。但这样一来，一列火车里车厢各不相同，既不好看，也不真实。就算是混编的火车，也不会有这么杂的车厢种类。事实证明，一辆乐高车头，可以拖动至少四倍于原厂套装长度的列车。随着"鳄鱼火车头"的发售，车厢的需求会直线攀升。如果乐高能重新单独发售各种车厢，我相信一定会深受火车爱好者欢迎的。

虽然乐高从消费主义角度考虑，希望大家买更多的套装，但我还是希望乐高能更多地鼓励玩家使用无限可能的乐高砖块搭建出更多的造型。因为一旦拼搭完成，模型变成了家里的一个摆件，你不再动它，乐高就死了，就不再拥有那些无限可能，变得和一只花瓶、一幅水墨画、一尊雕塑之类的物件无异。逐渐地，你家就会变成"乐高店"，直到再也放不下更多乐高为止。我觉得那些 2in1 或 3in1 是比较好的折中方案，至少玩家会把它拆掉一两次，搭建新的造型，估计也会有一些人在此之后研究出了第四种造型，这就是好的开始。[end]

专题 · Feature

- DERIVE -
仿制品：有差异的复制，衍生出新的特性

复制品　　　　　　　　　　　　　　　　　　　独立品

0404

🕐 22'

足够标准，
才能接近幻想中的那个世界

Join the 501st Legion,
Be Part of the Star Wars

written by luketime

资深伪星战迷，除此以外还是个热衷科幻、博物、军事、绘画的语言文字工作者。

足够标准，才能接近幻想中的那个世界
Join the 501st Legion, Be Part of the Star Wars

制作模型的一大意义是，你在创造一个东西。我在把一个不属于这个世界的东西带到这个世界。让一个虚构世界的一部分在我手中具象化。

Q1 离线

加入"501军团"最原始的驱动力是什么？

○ 图1：2007年501军团参加玫瑰巡游。图片来源：Wikiprospies / Wikimedia Commons CC BY-SA 3.0

特别喜欢星球大战里的帝国冲锋队，他们没有面孔和身份，是秩序和强权的象征。之前玩的都是帝国士兵的3.75寸人偶和12寸雕像，想想能把自己变成"真人action figure"，这个想法实在是太有吸引力了。

我一直觉得自己的终极梦想就是制作和穿着一套盔甲，成为星战故事里的人物。现在这个梦想已经实现了，再进一步，我计划到电影的拍摄外景地突尼斯和撒哈拉沙漠，穿着沙漠兵盔甲拍一套照片和录像，还原当年的场景。

专题 · Feature

Q2 离线

我们知道加入 501 军团有一个非常严苛的标准，就是要制作一套合身且完整还原官方设定细节的盔甲。这个规定有什么特殊的用意吗？

◐ 图 2：阿尔宾·约翰逊（Albin Johnson）。图片来源：个人官网。

501 军团创始之初还没有现在这么细致的标准，一切都是慢慢细化和体系化的。不过创始人阿尔宾·约翰逊一开始就想象着这个组织有朝一日能成长为一支真正的部队的规模。而对于一支"真正的"帝国军队，制定细致的规则和标准是必需的。

在第一次着装活动时，只有约翰逊一个人身着盔甲。人们会把他当作一个穿着塑料壳子、装扮成冲锋队的有趣的人。但当他的朋友也穿上盔甲，跟他站在一起的时候，他们看起来就真的像两个正在站岗的士兵，人们会用一种肃然起敬的眼光来看待他们。这是 501 军团的与众不同之处。

约翰逊和 501 军团从未放弃追求这样的真实感。这也是我极度认同的。对于个人来说，装备足够标准，才能接近幻想中的那个世界。星战的电影、动画、漫画，就是真实性的参照，所以所有的盔甲装备都要还原官方设定的细节。

对于军团来说，秩序就是力量。除了服装的一致标准，501 军团其实还有统一的行动规范。501 军团活动守则要求所有成员在着装后，行为必须符合角色设定。遵从集体主义、整齐划一，这是 501 军团独特性和力量的来源。

Q3 离线

粉丝组织在考核粉丝的专业性和投入程度时，有很多简单有效的方式，为什么501军团会选这么复杂的方式？

我觉得制定盔甲制作标准，最根本的意义并不在于考核粉丝的专业性和投入程度。有很多铁杆粉丝根本不玩盔甲，而是在设定资料、文献研究和翻译方面建树颇丰。也有很多粉丝玩盔甲，但是并不在乎是否符合501的标准，只要玩得开心就好。

军团标准是由一群对还原道具细节有着特殊爱好的人共同制定出来的，这个标准并不能代表所有"星战迷"，只代表了一部分热爱道具制作的"星战迷"。

501军团接纳成员的时候，是一种双向的认同。就是大家都认同"还原道具"这样一个目标。军团寻找的是愿意遵循标准的成员，有意愿加入军团的个体也追求这样的标准，制定标准建立了一个双方互相选择的基础。

完善的标准也可以帮助志同道合的道具爱好者更方便地达到他们心目中理想的还原程度，少走弯路。先行者们进行了大量的考据工作，为后来者提供了方便。其实很多影视扮装爱好者都会追求符合影视剧中的标准，只不过501军团里钻研标准的人更有组织性，历史资料也足够丰富，众人拾柴火焰高，把标准制定成一套成体系的规范罢了。

501军团一直坚持整齐划一、有组织、有纪律的效果。其他星战扮装组织，比如义军联盟和曼达洛氏族也同样专业，但更鼓励多元化。501军团也有很多多元化角色，但相较而言，帝国阵营天然地更加追求秩序性和一致性。

专题 · Feature

Q4 离线

在制作一件"接近极限完美的复制品"的过程中，最核心的挑战和趣味是什么？

我其实并不追求极限的完美，因为我会权衡投入与产出。但是一旦开始做，我还是很容易会被"套进去"，不断追求更多的细节。因为会觉得反正都做到这一步了，何不再多做一点。我可能一开始的目标是接近90%，但是做了一段时间之后，发现了更多的细节，意识到自己根本没做到90%，可能只有70%，于是又会追加细节。实际上完美复制是不可能做到的，你会发现越来越多的细节。而愈加接近完美，多打磨出1%的细节，付出的成本就会急剧上升。这是最核心的挑战。而发现细节，尤其是发现被其他人忽略的细节，是一大乐趣。就像探险家发现一个从未有人踏足的地方一样。

可以说，我更多的是追求自己心目中理想的样子。这个样子基于电影原型，但也有不一样的地方。比如元年[1]道具的胸甲和腹甲是用挂钩连在一起的，但是我采用了自由重叠的方式。这基于两点考虑：首先是为了配合自己的身高——固定连接会导致我上身太长、腿短，整体比例会很难看；其次是考虑方便活动——缩短上身可以抬高大腿关节，让我走动时更灵活，而重叠胸甲、腹甲可以让我坐下来，在实际活动中这是很实用的一个功能。

---

1 元年指1977年，星球大战系列电影第一部《新希望》上映的那一年。

足够标准，才能接近幻想中的那个世界
Join the 501st Legion, Be Part of the Star Wars

Q5　离线

那给我们分享你在复制过程中的一个具体细节吧。

我一直对自己第一顶头盔的氧气接口不够准确而耿耿于怀。那顶头盔大概是十年前做的，当时为了在头盔里加装风扇，把两个接口的罩子粘死了，无法修改。考虑本来就要再做一套沙漠兵装备，所以正好可以做一个新头盔，遵循道具标准的细节来做。

最近终于开始做这套 2015 年产的头盔板件了。这回用上了足够准确（行话叫"screen accurate"，意为忠实于银幕细节）的接口，顺便挑高了眉毛。

氧气接口的元年道具是水管喷口。我第一个头盔的接口直径太粗了，外形也不对，滤网有两层。准确的接口更窄小，使用单层金属滤网。

制作冲锋队头盔时，对比元年道具照片，确定耳朵的位置和角度，挖出眼眶轮廓。

⊙ 图 3：1976 年拍摄时使用的头盔。

⊙ 图 4：侧面定位。　　⊙ 图 5：旧头盔（左）与新头盔（右）对比。

专题 · Feature

⏱ 图6：旧氧气接口。

⏱ 图7：新氧气接口。

⏱ 图8：两种胶条的截面不同。

另外，沙漠兵头盔的涂装和普通冲锋队不同，眼眶下方、头侧、后脑的色块必须手涂，而且没有黑色竖线。我在之前的普通冲锋队头盔中用的是贴纸，而且有竖线，是无法达到沙漠兵头盔标准的。

头盔底部改用更接近电影道具细节的S形胶条，之前用的是U形胶条，实际上是不准确的。虽然戴上头盔根本看不出差别，不过标准就是标准。

至于其他细节，之前就做得比较到位，比如耳朵上使用一字沉头螺钉、螺钉头要涂白等。

有趣的是这顶ATA版本的头盔还故意模仿了元年道具表面的不规则点状凸起。这种原本是当年技术局限造成的道具缺陷，也被忠实地再现出来。

⏱ 图9：旧头盔（普通冲锋队）与新头盔（沙漠兵）脑后的对比。

⏱ 图10：头盔顶部不规则凸起。

足够标准，才能接近幻想中的那个世界
Join the 501st Legion, Be Part of the Star Wars

类似的还有不对称的盔形。有人专门做过比对，只有不对称的盔形才能准确复刻元年道具的韵味。注意左右不对称的盔形，左边眼眶底部轮廓线比右边略高。这种很容易被外人忽略的细节，成就了道具复刻的独特魅力。现代化工业技术更新后，为了忠实还原而不得不模仿旧工业技术的瑕疵才能重现其独特韵味，这似乎充满了讽刺和哲思。

图11：正上方左右不对称。

Q6 离线

和手办这类仿制品重在"展示"不同，盔甲是可穿戴的。第一次穿上盔甲有什么样的感受？

第一次穿上盔甲看不清自己是什么样子。照镜子的时候觉得自己看到的是一个陌生人。我追求的就是这个——成为另一个人，把自己想象成帝国的冲锋队士兵。头盔会把我的听觉和视觉在物理上与外界隔离，听得最清楚的是自己的呼吸声。好像是从一个隔绝的空间窥探外部世界；好像我是来自另一个星系的士兵，在陌生的星球上巡逻。

我是个科幻迷，喜欢寻找陌生感。盔甲可以让自己的身份与外在的世界产生疏离，在现实世界中创造一种陌生化的体验。

盔甲相当于一种大型的玩具，或者说盔甲把自己变成了一个玩具，变成角色扮演游戏里的角色。我非常喜欢《星球大战：共和国突击队》的电子游戏，在游戏里可

图12：电子游戏《星球大战：共和国突击队》。

专题 · Feature

以扮演突击队士兵，和队友搜索、歼灭不同场景里的敌人。穿上盔甲后就像在游戏里一样：在街上巡逻，在人群中寻找可疑的逃犯，你需要随时注意窗口和街角可能出现的叛军，他们的狙击手随时可能放冷枪。

Q7 离线

我想会有一部分粉丝在申请通过后，就把盔甲束之高阁了，就像无数乐高盒子一样。盔甲还有哪些真实的使用场景，让它维持一定的生命力？

盔甲需要合适的活动机会才能出场。束之高阁其实是常态。但只有多次在高强度活动中穿戴盔甲、仔细观察穿着后的形态、感受穿着舒适度，才能把盔甲调整到最合适的状态。比如增加头盔垫，避免走路时头盔摇晃；缩短肩部连接带，把胸甲和腹甲拉高，从视觉上增加腿长，改善身材比例；用更牢固的方式加强连接处，避免大幅度活动时连接处崩开；用更厚、更遮光的材料升级目镜，避免闪光灯照到眼睛，等等。除了这些实用角度的修理需求，也会尽量提高还原度，弥补活动暴露出来的一些比较明显的缺陷。

一套盔甲在无数次"出兵"活动和无数次调整之后，才能与自己的身材和使用习惯达到最理想的契合程度。这个时候这套盔甲才成为真正属于自己的盔甲。因为其他任何人穿戴，都不会像你自己穿着那么合身和舒适；任何人都没有你那么熟悉每一个连接带的细节。就像打造盔甲的工匠融入自己的魂一样，百般修改后的盔甲里融入了我的生命力，成了我的一部分。

⏱ 图 13：一套盔甲。

足够标准，才能接近幻想中的那个世界
Join the 501st Legion, Be Part of the Star Wars

Q8 离线

抛开501军团赋予制盔的意义，单纯从制作模型的角度来说，它投射了你什么样的情感？它给你最重要的回馈又是什么？

我觉得制作模型的一大意义是，你在创造一个东西。一个在银幕上和图书上见过无数遍的东西，只有成为立体的模型，躺在你手里，你才会对它有更深刻的了解，无论之前在平面上仔细研究过多少次，平面的始终是平面的，模型则增加了一个新的维度。

而且我是在把一个不属于这个世界的东西带到这个世界。让一个虚构世界的一部分在我手中具象化。模型最终会成为我收藏的一部分。但是亲手制作的模型，我很清楚它的每一个细节、隐藏在表面下的结构，这是我很私人的东西，因为其他人只能看到完成后、喷漆后的表面的形态。虽然501军团有固定的外形标准，但是制作手段并没有一定之规。所以每个人都会用不同的制作手段，哪怕最终效果是相同的。

这个东西不是流水线上出来的，而是带有非常深刻的个人印记，就像我之前说的，成了我的一部分。

专题 · Feature

Q9 离线

十年前，制作一套盔甲会有极高的门槛，相应地，也会有极高的乐趣和成就感。随着信息、材料、工具变得越来越容易获得，"复制"盔甲变得容易许多。也许再过两年，通过 3D 建模打印就可以完成。这会稀释掉我们赋予这个过程的意义吗？

技术和工具一直在更新，但使用它们的人没有变。比如相比制作元年道具的 20 世纪 70 年代，我们现在有更方便、更牢固的尼龙粘扣，可以制作出比当年更优的连接方式；现在我们有更好用的黏合剂，但仍然需要按照与当年一样的标准来组装和涂漆。

再比如，现在就有 3D 打印的盔甲，但是 3D 模型仍然是需要人来制作的。网上有很多免费的模型，但对照道具资料，会发现模型细节有这样那样的错误，需要投入时间精力进行求证和对比，修改和调整模型。这个过程和修改盔甲是一样的，只不过从实体转移到了数字介质。而且打印之后仍然需要根据每个人的特点和喜好制作连接和悬挂系统。

所以，如果足够投入，每个人的盔甲仍然是注入了制作者心血的。

Q10 离线

一种文化的生命力取决于塑造它的人的创造力。目前"星战宇宙"正在发生什么样的变化？

"星战宇宙"的成功始终是多元化团队运作的结果。人们通常认为星球大战是乔治·卢卡斯凭一己之力创造出一个文化帝国，其实不完全是。1977 年《星球大战》大获成功有很大一部分要归功于当时最伟大的剪辑师——卢卡斯的前妻马西娅·卢卡斯。具有远见卓识的制片人加里·库尔茨对《星球大战：新希望》《帝国反击战》的创意贡献巨大，功不可没。《帝国反击战》的成功更离不开导演欧文·科什纳的主导。没有这些功臣的大力加持，星战电影的口碑难再超越 1977—1980 年的巅峰。

"星战宇宙"是一个由多种媒介支持的庞大架空世界，其内容形式也多种多样。在 1977 年之后，"星战宇宙"已经拓展到了电影以外的文化介质，包含小说、漫画、电子游戏、桌面游戏、动画剧等。到 1997 年，电影以外的"衍生宇宙"已经完全可以独立支撑整个品牌的生存。这些"衍生宇宙"作品由卢卡斯影业授权其他公司创作，受委托的作家、漫画编剧、游戏制作团队创作了无数经典的、深受粉丝喜爱的故事，对很多粉丝来说，"衍生宇宙"的作品重要性几乎可以比肩电影。

现在卢卡斯本人已不再主导作品创作，星战影视作品开

图 14：欧文·科什纳（Irvin Kershner）和乔治·卢卡斯。图片来源：Tom Simpson / CC BY-SA 2.0

图 15：加里·库尔茨（Gary Kurtz）。图片来源：Facebook 个人主页

专题 · Feature

始变得更加多元，就像以前的"衍生宇宙"作品更多地体现了小说作家和漫画编剧的创意和理念一样。以前的星战电影只围绕天行者家族的主角展开，而卢卡斯影业自 2016 年开始尝试外传电影，更关注原创角色，每部讲述一个独立事件。这样的外传电影很有以前"衍生宇宙"作品的风格和魅力，比如角色塑造更加"道德灰色"，而不像正传电影那样非黑即白，善恶分明。比如《侠盗一号》电影中起义军谍报部门充斥着暗杀和自相残杀，这在极力塑造起义军"伟光正"形象的正传电影里是不可想象的。

我个人非常希望看到更多这样的故事（我是帝国阵营的，凡是黑起义军的作品我都支持）。不过由于独立的小题材（尤其是缺少大规模特效场面的故事，比如《游侠索罗》）并不总是适合大银幕，所以这些故事以后可能更多地会以连续剧的形式出现在 Disney+ 平台上。

Q11 离线

我们都知道星战是基于电影生成的 IP，但要保持丰富的生命力，"慢制作"的电影可能并不足以支撑。未来星战最活跃的文化输出形式有可能是什么？

星战是源自电影发展起来的 IP，但在它诞生后的 43 年里，其内容已远超电影本身。从电影和衍生作品的时间跨度来看，电影仅跨越 67 年的时间线，而即使是时间线较短的"新正史"也横跨至少 5000 年。从这个角度来说，电影时间线仅占整个星战 IP 的 1.34%，如果以传说宇宙来算那就更小了。

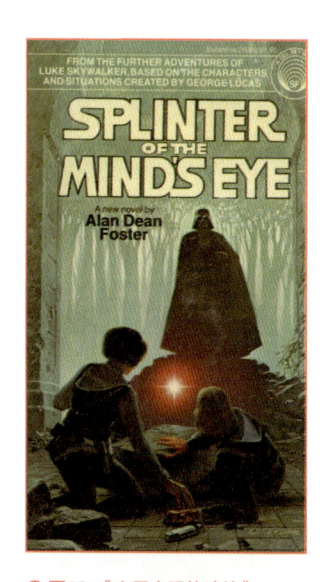

足够标准,才能接近幻想中的那个世界
Join the 501st Legion, Be Part of the Star Wars

○ 图 16:《心灵之眼的碎片》。

○ 图 17:《帝国传承》。

我个人认为星战真正的辉煌和无法打破的品牌壁垒在于其经营完善的"衍生宇宙"生态圈。1978 年《心灵之眼的碎片》是第一部"衍生宇宙"作品。1991 年出版的索龙三部曲第一册《帝国传承》和同年晚些时候黑马漫画出版的《黑暗帝国》系列漫画,把"衍生宇宙"的地位推向"高潮"。此时自 1983 年《绝地归来》之后已经 8 年未上映新的星战电影,距离 1999 年前传问世也是 8 年,电影青黄不接,人们甚至不知道卢卡斯还会不会拍新的星战电影。但"衍生宇宙"在 20 世纪 90 年代的崛起支撑起了整个品牌的生命力,卢卡斯影业积极用多个媒体联动的方式策划了一系列成功的项目,比如 1996 年的《帝国阴影》有小说、漫画、电子游戏、卡牌、原声配乐专辑、周边玩具等。

2019 年《天行者崛起》之后,星战电影告一段落,下一部星战电影预计 2023 年才会上映,在这四年空窗期内,衍生作品将扮演主要的角色。目前最受关注的项目有《曼达洛人》连续剧,包含多个小说、漫画系列的"共和国巅峰"综合出版项目,《克隆人战争》最终季"残次品"小队的衍生动画系列剧,等等。

就像 1983—1999 年的 16 年、2005—2015 年的 10 年,衍生作品将再次大放异彩。在电影主导的 IP 发展策略下,主要事件被留给电影来讲述,衍生作品往往只能在

专题 · Feature

图18：《黑暗帝国》。

图19：《曼达洛人》。

电影的空隙零敲碎打地讲一些不那么重要的故事。这一现象在 1977—1983 年的正传电影时期和 2015—2019 年的后传电影时期尤为明显，因为正传和后传各部电影之间的剧情间隔很短，其他时间线又没有开放。只有在未来电影计划确定不会涉及的时间线上才会诞生重量级的精品，比如 1991 年在卢卡斯决定不再拍摄后传之后，该时间线被开放给 Bantam Spectra 出版社，由著名军事小说家蒂莫西·扎恩创作了当年被誉为"星战后传"的索龙三部曲。而 2005 年六部曲完结之后，星战小说也佳作迭出，重量级作品如井喷式爆发。目前设定在前传一之前 200 年的"共和国巅峰"出版项目也得到了类似的创作空间，希望能够打破束缚，开拓出新的经典。

在星战迷圈内，出版物属于低成本、高效率的维持热度的产品，作品量无疑是最大的。不过论出圈的影响力，还是真人连续剧更为关键。真人电视剧一直是乔治·卢卡斯希望尝试的，但苦于成本和渠道问题始终未能落实。如今《曼达洛人》在圈内圈外都口碑载道，促使卢卡斯影业将更多真人连续剧项目列上日程，如以《侠盗一号》男主角卡西安·安多为主的讲述帝国早期起义军活动的连续剧、以欧比-旺·克诺比为主角的连续剧等。青少年向的作品还有讲述克隆人突击队在帝国时代处境的动画剧。这些影视作品将肩负起将星战品牌带到圈外、影响更多普通观众的任务。

足够标准，才能接近幻想中的那个世界
Join the 501st Legion, Be Part of the Star Wars

Q12 离线

501 军团在 2004 年被写进了星战的官方小说、2005 年走进了星战电影，"真·打破了次元壁"。如果有机会穿上盔甲出现在大银幕上，你希望自己穿哪一套盔甲，出现在哪一个场景里？

图 20：塔图因，天行者的故乡。

帝国冲锋队，作为一个没有太多台词的群众演员。一个普通的士兵——在巨大体制内、隐藏在陌生面具下、一颗有独立灵魂的螺钉。但比起电影，我更向往去突尼斯，到一切开始的地方，在"塔图因"无穷无尽的沙丘海中寻找内心的共鸣。[end]

> "I used to live here you know"

专题 · Feature

— DERIVE —
仿制品：有差异的复制，衍生出新的特性

复制品　　　　　　　　　　　　　　　　　独立品

05 | 05

⏱ 18'

" 未麻的房间，
我已经去过几百次啦 "

Mima's Room,
I've Been There for Hundreds of Times

written by 今 敏　　translated by 焦阳

今 敏（1963—2010），日本动画导演、编剧、漫画家。

我拼尽全力地画着主角未麻从粉丝那里得到的毛绒玩具、将没有扔的花风干做成的干花、精心照料的热带鱼、堆积的杂志和谜一般的小袋子。我相信这样做可以更深地挖掘未麻这一故事人物，更靠近她一步。

突然到来的一个四方形信封。

里面是 OVA 动画《未麻的房间》企划提案书，还有它的剧本第三稿，其中包括了偶像、精神恐怖、广告效应等要素，充满了最近这段时间明显不再能信任的文字。

原作者是以"大映电视研究"系列而著称的竹内义和。

故事梗概如下："清纯派偶像想要转型，但是不能接受她转型的粉丝（变态宅男）为了守护她的清纯，袭击了她身边的人，她自己也即将因为这份纯真而受到袭击……"

不仅有恐怖电影的元素，也有许多血腥描写，所以还是称之为"血腥恐怖电影"比较好。我对这种主题没什么兴趣。

但"第一次当导演"的诱惑还是让我上钩了。

"那就做做看吧。"

Part 1

根据手上的资料，第一稿（脚本）于 1996 年 1 月 6 日完成，其中囊括了一直以来讨论的成果。我也想过，但以前从来都没能做出符合期待的成果。因此能做出符合期待的脚本就已经让我非常惊讶了，况且第一稿比我想象得还好。说实话，第一稿的脚本达到了只需要在画分镜的时候修改

专题 · Feature

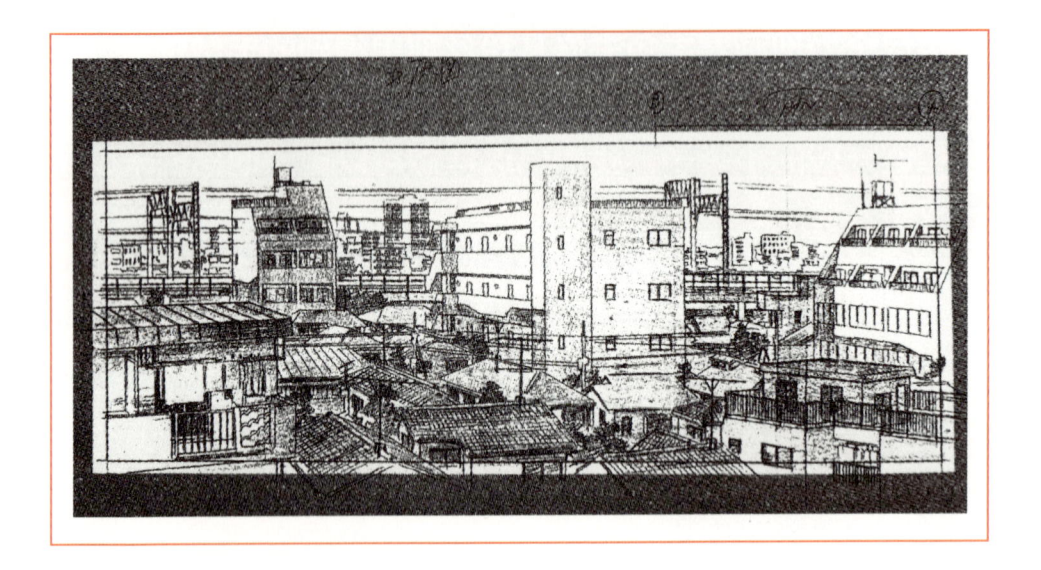

◐ 图1：镜头121构图设计原图，从未麻的公寓看到的风景。在电影中，高架桥上电车飞驰而过，从右向左摇摄。这样的风景是我用从资料照片中提取出精华在脑中剪拼而成的、"实际不存在，但是似乎在哪里有"的景色。

的程度。虽然平时也有人会改，但若是本来就平庸的剧本让无能的演出（分集导演）变本加厉地胡乱修改，只会变得更糟。话说回来，这就是业界惯例，没错。这样的话，本书可能会更有趣吧。我更加确信了。我多么相信自己的眼光啊！不愧是我。

但是，人类是有欲望的。第一稿已经有了如此高的完成度，没有进一步完善的余地了。知己知彼，百战不殆，我开始深入研读眼前的脚本。

您可能不好理解，在将脚本分解为构成的阶段，必须一遍遍重复思考，仔细地整理章节、伏笔间的联系还有相呼应的台词，解开错综复杂的布局。分析编剧村井贞之先生的思考经过时，我对他的缜密感到钦佩。字斟句酌，十分有效，成果很好。但是不能仅感到钦佩便了事，现在才是加新点子的时候。

"再加一点。"

我果然还是不服输。可是，一旦将新想法加入作品概念，就不可能再接受不如它的想法。看已经做好的部分时，我经常觉得自己是自以为是的笨蛋，真是对不起制作团队的人。

我一天天地思考剧情，"那个"来了。"那个"不知道该怎么说，就相当于共时性吧。我可以在日常生活里看到"灵感的前进"。不，我说的绝对不是在哪里出现了电波这种危险的事。

我开始在日常生活中隐约看到想法的碎片：乘坐电车时、看电视时、做其他工作时，总之在做任何事情的时候都能撞上"啊，这个能用"的情况。实际上，电影中留美这个角色，原型就是那时在电视里看到的奇怪女性。还有，我觉得可以用以前画漫画时想出的点子。珍藏的点子派上了用场，难以置信地让作品的创作简单了些——因为是已经想好了的嘛！

"感谢我自己。"

为了添加想法，又要进行剧本讨论会。想要说的事情像山一样多，要让他们——尤其是在讨论会上提出想法的村井先生——立刻理解各种要求。

从构成到台词的细微区别，讨论会花了好几个小时。有的方面讨论出了结果，也能渐渐看到作品骨架和登场人物的形态。没有比这更让人高兴的事情了。高兴的可能不只是我，想必制片人连睡觉时都在笑呢。

讨论进入白热化，不仅时间延长了一半，我的大脑也扭成一团。会议结束的时候，我因为在讨论中说个不停而精疲力竭。这是令人心满意足的疲劳——尽管还是一脸淡定。

"那，就这样结束吧。"

大约两周后，剧本基本达到了要求，村井先生还交了加了想法的第二稿。经过简单修改，便进入了对我而言的第一道关卡——画分镜。

在这段时间，我做了各种各样的准备。首先是美术设定——也经常被简称为"设定"。设定就是画出作为舞台的场所、建筑外观、室内、家具和小道具的外观与大小。

很多同行为了充分理解角色登场的舞台而绘图，所以并不是从一个视角就可以画好的。虽然不能一概而论，但是一个地方至少要画两到三张。

专题·Feature

"未麻的房间，我已经去过几百次啦"
Mima's Room, I've Been There for Hundreds of Times

🔵 图2：角色的印象设计草图。女子偶像团体之外的角色基本都是我或作画监督滨洲先生设计的。这张画是为了表现我、滨洲先生的印象而画的。比起仔细地画，表现出印象更重要，并不是随便画的。©1997 CREX

专题 · Feature

科幻或幻想题材的作品，必须在设定中将全部内容表现出来（反过来说，也有比较灵活的情况）。时代的考证、细致的外景……有许多不可缺少的内容。最近的动画有很多是偏写实的，这一工作非常麻烦。

《未麻的房间》的背景是现代，舞台在东京，登场地点当然有很多是实际存在的，照片资料中有很多超出画师平时的观察。对观众而言，片中出现的都是日常的东西，所以一旦出错很容易被识破。严肃的故事中如果出现了比例奇怪的电话、电视机，就会扫观众的兴，因此在这方面要留心。

主角未麻的房间可以说是作品的另一个主演。这个反复出现的舞台，

◯ 图3：美术设定的一个例子。未麻房间的衣橱、厨房和玄关。为了增强生活感，必须要仔细地画出生活用品、杂物、小物件等。化身为剧中人物并在那里生活，思考生活必需品和它们的位置，把必要与不必要的东西都想象着画了出来。角色在那个地方住了多久、房租和大概收入多少、怎样性格的人物喜欢怎样的东西、是不是擅长做饭和清扫……画的过程中逐渐建立起角色形象。如果只为了表演而设定居所，经常会破坏生活感和现实感，而反过来过分拘泥于此则会不适合演出。兼顾所有方面非常重要。

◯ 图4：同个镜头的背景原图，以之为草稿来画真正的背景图，灰色部分是赛璐珞。关于密度感，因为想要画出杂乱的感觉，所以用赛璐珞的部分较多。但是要注意，在上色时画不好便会很难看。

"未麻的房间，我已经去过几百次啦"
Mima's Room, I've Been There for Hundreds of Times

不仅是故事的关键，也是具体反映未麻内心活动的重要象征物。房间情况可以很好地反映出未麻的精神状态。顺便说一句，我的房间……必须得快点打扫了。

并不是炫耀，我那时三十二岁，见过的一个人生活的女孩的房间屈指可数。真是寂寞的青春啊！

因此，能依靠的只有资料。这个世界上有些方便又合适的书：

《黄色隐私 1994》（摄影：五味彬，风雅书房）

日本女性的裸照，是在她们房间中拍摄的、非常棒的摄影集。当然，比起人来说，日常生活才是主要的，照片细致入微到堪比入室搜查的地步。

《东京风格》（摄影／著：都筑响一，京都书院）

最近很有名的书，几乎不用说明。这也是拍摄东京居民房间细节的摄

专题·Feature

⏱ 剧照1：俯瞰未麻的房间。

⏱ 剧照2：电视柜也是储物空间，布置了工艺品，边上是热带鱼缸，还有精心照料的植物。

"未麻的房间，我已经去过几百次啦"
Mima's Room, I've Been There for Hundreds of Times

◐ 剧照 3："天啊，这块芝士坏掉了！"

◐ 剧照 4：坐在床垫上读粉丝的手写信。

专题 · Feature

影集。正因没有拍摄房间的主人，读者才能够无限地想象。

此外还参考了各种各样的室内设计杂志来设定房间中家具的摆放、物品的细节。但是小物件实在是太多了，尽管我绞尽脑汁设计，看到画面后还是觉得物品远远不足。

一边思考"物品"究竟是为何放在房间中的，一边一个个画下来。将东西摆放在那里的人并不是画画的我，而是房间的主人。物品经历过房间打扫和整理，最后被安放在了某处。整理的过程非常重要。

我拼尽全力地画着主角未麻从粉丝那里得到的毛绒玩具、将没有扔的花风干做成的干花、精心照料的热带鱼、堆积的杂志和谜一般的小袋子。我相信这样做可以更深地挖掘未麻这一故事人物，更靠近她一步。

◌ 图5：第148号镜头构图设计。被好几个人称赞说"这个浴室很有现实感嘛"，但是也只是感觉它具有现实感。画的时候有些迷惑：浴缸里放满热水，旁边竟然挂着洗好的衣服，难道不会被蒸汽打湿吗？但因为"让观众看到"更重要，还是把衣服挂在那里了。如果考虑现实，会觉得片中的浴室比较大。由于是勉强制作为广角镜头的画面，如果摄影机接近角色，浴室会显得更大，因此在眼前添加了洗好的衣物，使浴室显得狭窄。

◌ 图6：这就是分镜，也就是电影的设计图。这是其中一张，画了五个镜头。一个一个镜头地画表演内容、构图和长短等。虽然这些只在这个阶段进行设计，但是这种内容我画了三百多张，大约一千个镜头。很有趣。虽然动画制作的每个环节我都觉得有趣，但画分镜是其中最有趣的。

"未麻的房间，我已经过去过几百次啦"
Mima's Room, I've Been There for Hundreds of Times

这就是分镜，也就是电影的设计图。

专题 · Feature

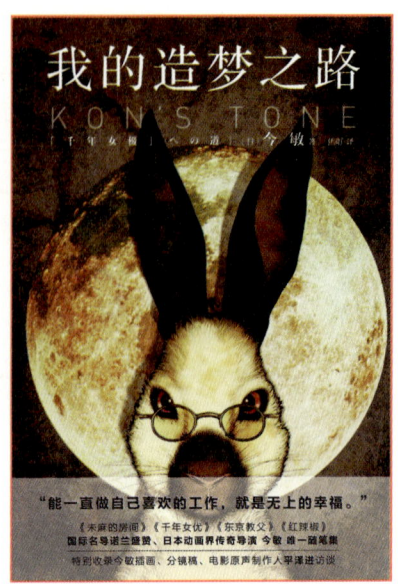

Part 2

大概是迎来六月的时候吧，某天，背景全部完成了。我没有特别惊讶。经过讨论而安排好的工作完成了，这值得高兴，应该高兴才对。但是，交上来的东西里有我不记得自己安排好的工作内容，这比听鬼故事还要恐怖。

关于这件事的真相之后再详述，在此写一下至今为止没有提到太多的、支撑着作品世界的美术与背景相关的事情。在现场通常将背景称呼为"BG"，就是 background。

就像作画有作画导演，背景也有美术导演这一职位。我们《未麻的房间》的美术导演是池信孝先生，他当时确实比我小一岁，不，现在也是。池先生的这份工作是由第一次见面的制片人介绍的。

他不了解这份工作就参与了制作，但我认为结果非常好。我只听说过

◎ 图 7：《东京风格》中的真实房间细节。

◎ 图 8：本文选自《我的造梦之路》一书中"《未麻的房间》战记"一章。有删节，由出版方授权发布。《我的造梦之路》系今敏的个人随笔集，最新中文版由上海雅众／博集天卷引进，2020 年出版。图片来源：今敏官方网站 http://konstone.s-kon.net/

他擅长画现实风格的画并因此广受好评。所谓"现实风格"有千差万别的解释，协调导演与美术导演所追求的"现实"，有各种各样的曲折。

就像角色设计要做设定表和色彩指定表，背景也要做被称为"美术板"的东西。美术导演画的被称为"背景示例"，负责各场景的背景画师以此为蓝本进行工作，所以背景画师不可能掺入自己的风格。角色在每个场景中的色彩指定也要根据它来设计。

美术板是决定作品"色彩"的重要工序。我特意为色彩这个词加上双引号，虽然不是所有色彩都由颜色决定，但是画面、场景中的作品氛围、角色心情等各种意义上的"色彩"都由美术板来决定。背景占的画面面积比人物多，需要在背景中表现的内容也多。背景和人物一样，也是"表演"的一部分。

作品最重要的背景，是在全片中登场次数较多的未麻的房间，因此最早画好美术板的也是这里。但是有些事难办极了，首先，简而言之就是无法决定颜色。

刚开始我没有提出特别要求，池先生只要按我画好的房间设定去画就行了，但无论是谁都要考虑的、可以说平淡无奇却不知如何是好的第一个

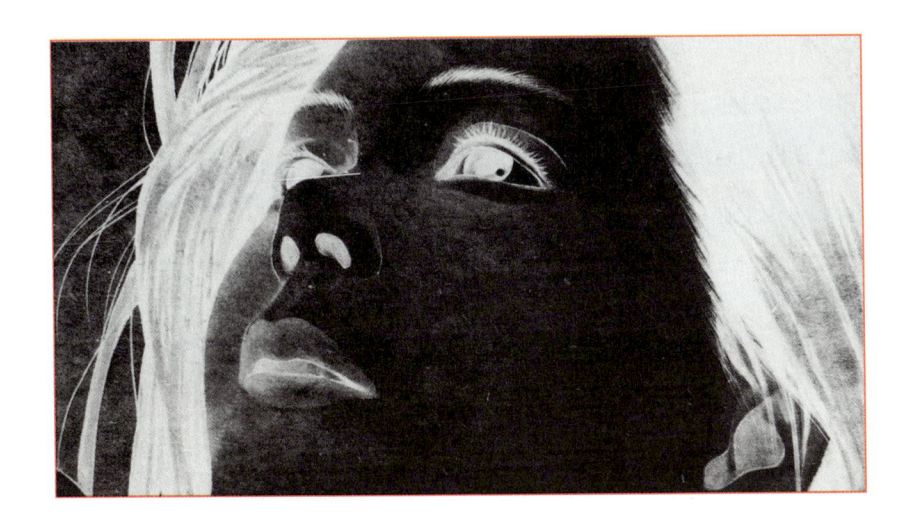

专题 · Feature

内容来了："女孩子的房间 = 粉红色。"虽然可能容易理解，但是这种想法怎么都是"大叔眼中的年轻女孩"。我是个完美的大叔，如果不打算成为未麻就没有办法画出"像样的房间"，哦呵呵。

因此，在画最初的美术板时我参考了许多摄影集，并讨论某个年轻女孩如何生活之类的。这方面的内容我在设定阶段已经烂熟于心，但如果不向绘制它的人说明就没有意义了。

"白炽灯的黄光"是未麻的房间中的关键颜色，但单单黄色就有很多种，白炽灯也各有不同。在画小物件的时候要画它们本身的颜色，它们的颜色受白炽灯的影响有多少，变化幅度也很广。可能有些失礼，但池先生大概和我一样，也没有见过多少女孩子的房间吧。动画业界既缺女孩子，业内人士也没机会认识外面的女孩，腼腆的人也多……扯远了。

我记得未麻的房间这场景画好的美术板版本最多。最基本的"白炽灯开着时"就画了好几张，还有其他情况，例如"电灯关闭时""早上""厨房一侧""公寓外观""房间中看到的街道景色"等。

一遍遍重画让画师和画的精神都被夺走了。美术导演仿佛在迷宫中迷

▷ 剧照 5：装饰品和小摆件，护肤品也放在这里。

▷ 剧照 6：列车轨道横贯城市夜色，这也是未麻下班回家的路。

▷ 剧照 7：未麻收到匿名的恐吓传真，惊恐地望向窗外。小房间里"白炽灯的黄光"显得温暖而脆弱。

"未麻的房间，我已经去过几百次啦"
Mima's Room, I've Been There for Hundreds of Times

了路，交上了焦点不对的画。重画使他走了弯路。为了避免误解，我先说明一下：并不是他交上了不好的画，而是他的画与我的设想无法协调。如果将重做成果放在正式部分使用，观众可能不会有违和感，但不管怎么说，未麻的房间是作品的另一个主角，于是我又狠心地要求了重画。

一直画着无法定稿的未麻的房间。一方面画师的状态在变差，另一方面其他部分也已经开始着手推进，但未麻的房间始终无法定稿。我后来问池先生当时的状况，他说"完全搞不懂"，因此实在是没有办法，有种就算打一拳也不会反弹的感觉。我那时可能也到了极限，正在考虑在完成的美术板里选时，池先生给了我改到第十几版的美术板。

"啊，就是它了。"

决定的时候很简单。不明白为什么至今都没有画出来，那个房间看上去非常"普通"。这正是"未麻的房间"。这一点是最难的吧。

编者：在以动画导演身份出道前，今敏曾与大友克洋和押井守有过合作。1997年拍摄完成动画电影处女作《未麻的房间》（Perfect Blue）。虽然《未麻的房间》在知名度上不及后期的《千年女优》《东京教父》《红辣椒》，但今敏给这部动画的评价是：第一次当导演，奠定了今后创作的一致性。[end]

专题 · Feature

| 复制品 | 仿制品 |

– BREAK AWAY –
独立品：只保留了正本的某些显性／隐性特性，但这个连接不会消失

0606

⏱ 25′

日式"模仿秀"背后的
再创造

Copy and Create:
A Japanese Way of Culture Construction

written by 摇滚死兔子

Dreamcatcher 文化志创始人，自由撰稿人。曾著文章：《废物点心俱乐部》《最性感的反文化运动音乐先锋》《太空牛仔的撩妹劲歌金曲》。

> 第二次世界大战后，日本人并没有美国人所预期的那种仇恨，美国人也很惊讶。很多日本人觉得战争非常糟糕，好在结束了，而美国看起来是个不错的地方。总体来说，一部分日本人仇恨美国，但更多的日本人想到的是如果"拷贝"美国的方式，就会过上好的生活。所以美国对他们来说只是学习的范式，是中立的存在。
> ——W. 大卫·马克思，《原宿牛仔》作者

让我们把时针拨回20世纪60年代。美军结束占领十年后，日本迎来了第二次世界大战后经济崛起的新契机。一方面，美国在经济和政治上的压制逐渐解绑；另一方面，日本政府政策放开，进出口贸易逐渐正常化。

1964年东京奥运会是日本经济复苏的里程碑，也是举国大庆的盛事。其之于每一个日本国民，都是一次重拾自信和勇气的关键事件。日本重回世界舞台，与全球接轨的意识再次萌发。在这样的大背景下，日本开始或主动或被动地接收来自欧美的文化输出。

十年间，200多部好莱坞电影先后进入日本院线，包括《蒂梵尼早餐》《音乐之声》《2001太空漫游》《毕业生》《西部往事》等。1966年访日的披头士、随后抵达的鲍勃·迪伦，则带来了摇滚乐和根源民谣（Roots Music）。

而同时期在美国发生、发展的反主流文化运动，也在日本本土掀起波澜。激进的学生一部分开始了以反美为口号的抗议，另一部分进入警察部队参与对同龄人的镇压，还有一部分则转化为嬉皮士，认真思考美国返土归田的公社式生活。越来越多的青年被来自外面世界的冲击唤醒，他们渴求接收这些外来的新鲜信号，将其转化为可以在本土生根的幼苗，并培育壮大。

专题 · Feature

如果将这些历史场景厘清，我们会惊讶地发现，20 世纪 50 年代就开始在美国萌芽的文化现象和社会潮流，仿佛充满魔力般持续影响着日本直到 80 年代。与一般的"拿来主义"不同，日本对于外域文化的理解和吸收有着非常独特的方式。这也决定了它不会简单地"模仿—抛弃"这些文化，而是将其内化到自身生态之中，甚至进行再输出。本文就以音乐、时尚和游戏三个领域为例，谈谈日式"模仿秀"背后的再创造。

◐ 图 1：1965 年 6 月，被认为绝对不可能接受独家采访的披头士乐队被一位日本女性说服，这位震惊媒体的"东洋小魔女"是当时的《音乐生活》的主编星加路米子。一年后披头士将"披头士狂热"带入日本，访日期间的 102 小时内总共动用了 8400 名警察进行安保，花费 9000 万日元，并拘留了 6500 多名日本青少年。《BEATLES 太陽を追いかけて》（竹書房文庫）封面。

◐ 图 2：山下达郎 *For You* 专辑封面，设计师：永井博。

◇ City Pop 的故事 ◇

2000 年代，到日本巡演的美国乐队 Vetiver 的成员闲来无事，钻进了

本地的 Tower Records 淘到几张来自 20 世纪七八十年代日本艺术家的专辑，专辑上的名字是山下达郎（やました たつろう）、SUGAR BABE（シュガーベイブ）和 Happy End（はっぴいえんど）。

听完这几张封面充满夏威夷夏日风情的专辑，成员们被这些似曾相识却又与以往任何一种风格都不同的音乐迷住了。这些作品混合了布鲁斯的吉他演奏（Boogie）、西海岸流行（West Coast Pop）和美式轻摇滚（Soft Rock）的元素，但却内含一种来自东方的余韵。但这还仅仅只是他们熟悉的音乐元素，实际上当时的 City Pop 还融合了爵士乐、夏威夷、拉丁、加勒比和波利尼西亚音乐的元素，成为融汇东西方音乐碎片后诞生的全新物种。

为什么在日本海岸线会刮起太平洋彼岸的微风？

这可能要从 20 世纪 70 年代后期日本的经济泡沫说起。当时东京 23 个区的地价总和已经达到了可以购买美国全部国土的水平。在这样一个全民富庶的时代，随身听、内置卡式录音机和调频音响的汽车开始走进国民生活，泡沫经济不用在乎石油的价格，开车兜风逐渐成为一种休闲方式，在音乐领域享乐主义风行也就显得合情合理了。City Pop 在各种风格的音乐中脱颖而出，代表那个时代成为行驶在夜幕下的最佳背景乐。

彼时被敬称为"音乐匠人"的山下达郎和角松敏生、竹内玛利亚、大桥纯子、菊池桃子、大泷咏一、大贯妙子等音乐人一起，成为 City Pop 的号手。他们在传统的日式民歌与演歌之上叠加了爵士乐鼓点、放克节奏和各国舞曲元素，再现夏日沙滩黄昏和都市霓虹下的奢靡。为城市居民提供享乐氛围的 City Pop 便应运而生。"City"一词不仅代表创作者和听众都是城市人，同时还代表了这种音乐带给人的主观感受——都市流光、寂寞迷惘、暧昧光晕下的情爱和纸醉金迷。

City Pop 从音乐本身到封面设计都有着独具一格的风格。山下达郎、角松敏生的专辑封套往往由永井博和铃木英人这种赋予了 City Pop 灵魂的艺术家设计，使用棱角刚硬的跑车、沙滩、阳光、游泳池、海岸线及各种

专题 · Feature

代表夏天的意象。配色清澈，犹如大卫·霍克尼的作品《水花》。代表美国元素的爵士乐、游艇和奢华假期，共同影响着这一代专辑插画家。他们绘制的精美场景与音乐相互作用，试图阐释一种情绪通感，让观者和听者都获得松弛的解放感。City Pop 不止是一种音乐形态，也演化出了一种与音乐相配套的视觉风格。

有趣的是，这种杂糅了众多西方音乐元素的日式曲风在中文世界也有很高的接受度。有一部分要归功于深受日本演歌风格影响的邓丽君，和极具活力与包容度的 80 年代香港乐坛。1987 年，邓丽君在香港发行了自己的最后一张国语专辑《我只在乎你》。在专辑中《像故事般温柔》《爱人》《非龙非影》等音乐的编曲中可以找到 City Pop 与中文结合的直接联系。而《午夜微风》《夏日圣诞》《心路过黄昏》这些曲目的名字则可以联想到 City Pop 惯用的视觉表达——圣诞、午夜、黄昏和情爱主题的结合。单曲《我只在乎你》是日文曲目《时の流れに身をまかせ》的中文版，当年斩获了香港第十届金唱片奖。它的影响力和传唱度在 30 年余后的今天依然不衰。

然而，这股新浪潮的流行也不过持续了十多年时间而已。进入 90 年代，随着日本经济泡沫破裂，City Pop 作为繁华年代的文化反射，流行度也大幅下降。有钱有闲的年轻人从享乐主义的肥皂泡中惊醒，不得不开始面对残酷的现实和美梦的崩塌。City Pop 倒也没有绝迹。继承了这个基因片段的正是在 90 年代还处于童年期的那一代人。进入 2000 年后的几年间，他们乘着"复古"的浪潮，将 City Pop 和 Elevator Music、Lounge Music、Smooth Jazz 等类型的音乐进行再混音和剪辑，蒸汽波（Vaporwave）这个全新的电子音乐流派诞生了。

◯ 图 3：大卫·霍克尼的作品《水花》(*A Bigger Splash*)。
图片来源：Wikimedia Commons Fair Use

◇ 牛仔裤与飞机头 ◇

20世纪60年代，被称为"安保斗争"的大规模反美运动在日本出现，左翼学生团体与同龄的军警经常发生暴力冲突，究其源头是日本民众对驻日美军的不满。但针对占领美军的反抗并没有阻止美国本土文化对日本国内青年群体的影响。当时深陷越战泥潭的美国为日本带来了平权运动和反主流文化。在这一时期，美国青年与日本青年似乎在反叛父辈价值观这一点上产生了共振。

在日本的反主流文化运动中，牛仔裤成了新一代年轻人表达自我的重要元素。这可能包含了三个方面的原因。首先是第二次世界大战后物资严重匮乏带来的后遗症。被称为"美国大兵裤"的牛仔裤在占领期的一段时间里成了硬通货。美军士兵将衣物作为嫖资支付给妓女，而妓女又转手将衣物卖给东京的黑市商店。牛仔裤因其独有的颜色、款式和质地，成为抢手货。虽然始终带有一些暧昧不明的意味，但随着美国流行文化的侵入，日本年轻人开始接受这个美式服饰符号。

其次，美国的反主流文化运动为日本带来了裹挟嬉皮士价值观的生活方式，包括波西米亚风格的外套和长衫、头带、喇叭裤及修身牛仔裤，迷幻药和低物欲的生活，甚至还有当时被奉为共识的环保意识（年轻人更倾向于赠与或买卖旧衣物而不是遗弃）。虽说服饰只是外在的，但也是最直观和最易模仿的。有了同样的装扮，似乎也就同时拥有了相似的价值内核。牛仔裤成为反叛者最理想的穿着：独特、随意、肮脏、粗糙有力量。

最后的原因是最耐人寻味的。20世纪60年代在日本风行一时的常春藤风格刺激了一部分日本不良青年。他们认为，常春藤代表着美国的精英阶层和主流文化，这正是他们要反抗的。而牛仔裤的特征站在了常春藤的对立面。于是日本青年穿着美国特色的牛仔裤站在了反美霸权的队伍中。这些青年不知道的是，常春藤风格被引入日本时，它还是反建制的代表。

日式"模仿秀"背后的再创造
Copy and Create: A Japanese Way of Culture Construction

◎ 图 4：当时以嬉皮士公社概念为基础建立的生态村庄 Saihate Village，现在已经成为可以自给自足的艺术社区。他们试图"创建一个即使电力、天然气、水、政治和全球经济停摆也可以安然度日的村庄"。图片来源：Saihate Village 官网

◎ 图 5：牛仔裤一条街。位于日本牛仔裤发源地——冈山县仓敷市儿岛。图片来源：日本冈山县旅游官网

就这样，牛仔裤被推到了日本服饰文化变革的台前。这其中也充斥着极多的矛盾。早期的一些品牌如 Big John 和 Edwin 还会强调传统牛仔裤与美国西部的联结，然而随着反主流文化运动的深入，牛仔裤与西海岸更紧密地联系在了一起。嬉皮士相对温和的生活哲学也赋予了牛仔裤更大的生存空间，使牛仔裤没有随着激进的政治冲突的消散而消失。不仅如此，广岛和冈山出现的一流工厂、染厂和翻洗流水线（为了让牛仔裤更软，以符合亚洲人皮肤的触感），让牛仔裤正式脱离了"美国限定"。常春藤风格的奠基人黑须敏之在 1973 年这样评价："牛仔裤已完全在日本本地生根，成为日本当代文化的一环，大家甚至会说现在是牛仔裤世代。"

差不多同一时期的 1972 年，在广岛核爆废墟中长大的孤儿矢泽永吉组建了 Carol 乐团。矢泽永吉就像是带领年轻人与腐朽旧世界对抗的草根英雄，将充满摇摆意味的乡村摇滚从美国搬到了日本。乐队成员模仿猫王和电影明星的装扮，身着黑色亮皮外套，梳着飞机头。这种被称为"洋基风格"的造型不仅影响了东京时尚圈，还与另一人群发生了融合，那就是日本的街头暴徒——暴走族及高校中的不良少年。

专题·Feature

◐ 图6：开着改装摩托车的日本暴走族。图片来源：SC36 / Wikimedia Commons CC BY-SA 3.0

　　暴走族开着非法改装的摩托车，怀中揣着"不良猫"头像的伪造驾照，戴着头盔，手执钢管，横行于夜晚的街道。他们顶着飞机头，身着黑皮衣和牛仔裤。他们喝酒、飙车、涂鸦。他们并不知道自己模仿的其实是美国的不良文化。但随着日本对于机车的管制加强，暴走族在十年后就很快没落了。"洋基风格"的碎片也散落在流行文化的角落里。《幽游白书》中的桑原、《灌篮高手》中的樱木花道、《湘南纯爱组》中的鬼冢英吉，都是辨识度极高的"不良少年"。喷满发胶的飞机头、剃成奇怪形状的眉毛、刺绣汉字的特攻服，追忆着一切只为惊世骇俗的那个时代。

◇ 《地球冒险》，以及模仿的部分真相 ◇

　　1980年，理查·盖瑞特（Richard Garriott）在Apple II 电脑上制作了

一款伪 3D 迷宫 RPG（角色扮演）游戏《阿卡拉贝司》（*Akalabeth*），这款系统简单的游戏有战士和法师两个角色可以选择。次年，盖瑞特又制作了一款在个人电脑系统运行的 RPG 游戏《创世纪》（*Ultima*），以上帝视角的大地图搭配了 2D 增加透视效果。《创世纪》、《巫术》（*Wizardry*）系列、《魔法门》（*Might and Magic*）系列是世界齐名的三大 RPG。《巫术》受《阿卡拉贝司》启发，而《魔法门》系列则在《巫术》之后混合了《创世纪》的概念。

在日本具有"国民 RPG"之称的《勇者斗恶龙》系列的制作人堀井雄二曾表示，《巫术》和《创世纪》等美式 RPG 玩法和系统架构是这款经典游戏的灵感来源。但与美国先行者不尽相同的是，《勇者斗恶龙》增加了剧情和情感层面的互动；再加上鸟山明画风的包裹，日式 RPG 走出了一条更加细腻的路线。在向动漫群体喜爱的杂志中投放广告后，《勇者斗恶龙》系列超越了欧美所有同期的 RPG 作品，在日本制霸。

就在这时，一个彻夜打通《勇者斗恶龙》的广告圈人士，找到了有业务往来的任天堂游戏设计师宫本茂，提出自己想制作一款"不一样"的 RPG 游戏。这个人就是跨界文学、音乐与广告界的糸井重里。糸井重里这个外行想要做的"不一样"的 RPG 就是《地球冒险》（*Mother*）系列。

《地球冒险》系列被称为"现代剧风格的本格 RPG"。它以现实世界为背景搭建游戏框架又不拘泥于此。融入了与现实互动的剧情和独特的游戏方式，使得它在北美市场收获了极高的人气。《地球冒险》第一作当时在日本本土销售了 15 万套，作为一部由外行人牵头的游戏项目，这样的销量相当优异。它不仅被当时的游戏玩家盛赞，更点燃了几代游戏制作人的创作热情。2019 年的独立游戏大作《传说之下》（*Undertale*）的制作人托比·福克斯（Toby Fox）就曾公开表示自己的创作受到《地球冒险》很深的影响，包括但不限于剧情、风格、游戏模式等。

这款游戏更大的影响力则体现在了任天堂《宝可梦》（*Pokémon*）系列

专题·Feature

◎ 图 7：《地球冒险 3》的屏幕截图。

◎ 图 8：常春藤式的美式复古穿着经常出现在日本杂志的封面上。

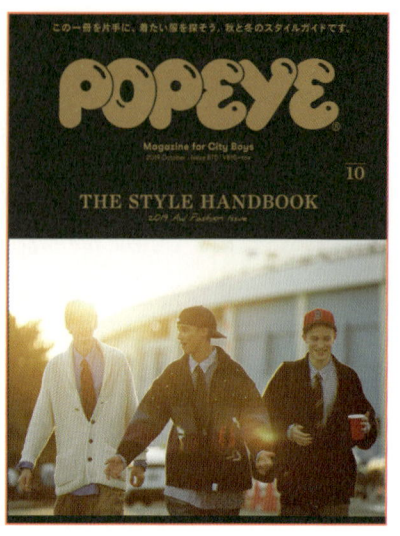

作品上。田尻智在世界观设定和画面风格上延续了《地球冒险》的内核，同时也继承了一些非常有代表性的游戏细节，比如倾斜 45 度视角展现全新的图像元素、在全地图内进行无加载的开放世界探索、加入伙伴的物理跟随，等等。至于《宝可梦》最终如何全方位入侵了我们的世界，就不在这里赘述了。

　　从以上这些粗略的溯源中，我们看到了日本从模仿美国着装而产生的"常春藤狂热"到创造出自主设计和生产的牛仔热潮；从美国传来的黑人音乐如爵士、布鲁斯、R&B，被日本音乐创作群体消化后，产出了诸如 City Pop、Neo Soul 这样壮硕的近代音乐流派；日本游戏吸收美式早期 RPG 的"皮毛"，完成日本本土"勇者斗恶龙"式的转变，之后又重新定义了日式 RPG 的神作。这些"模仿"始于 20 世纪 50 年代，持续到了 80 年代，这段时间是第二次世界大战后日本从复苏到重建再到恢复繁荣的阶段。用《原宿牛仔》作者 W. 大卫·马克思的观察来总结就是，第二次世界大战摧毁了日本的经济，人们在废墟中自然向往好的生活，而美国顺理成章地成了榜样。

但我们也可以发现这些学习和吸收背后复杂的立场。有对美式风格的崇拜，也有对其表达的误解；民族情绪的对立制造了反叛，对多元文化的向往又带来了融合；有的模仿很功利，仅仅只是为了"生意"，还有的模仿毫无目的，只是为了模仿而模仿。这些多元存在恰恰说明了这三十多年间，日本是一个多么具有包容性和生命力的机体，它野蛮地吸收，又富有生机地再造，使经济回到正轨时，文化也同样强健自信。

进入 21 世纪之后，这种自信已经转化成为一种精神上的输出。"和式风格"替代"美式风格"，成为全球文化争相模仿的对象。侘寂美学、ACG、日本料理、禅宗思想、日本文学……对这些对象的模仿同样可以理解成是一种对美好生活的向往。"历史不会重复，但会押韵。" [end]

参考资料：

《原宿牛仔：日本街头时尚五十年》
［美］W. 大卫·马克斯著，吴纬疆译，世纪文景 / 上海人民出版社，2019 年

《别再问我什么是嘻哈①：人气作家 × 大学教授带你入门》
［日］长谷川町藏、［日］大和田俊之著，耳田译，拜德雅 / 上海社会科学院出版社，2020 年

《下山事件，日本战后最大的黑幕》(上中下)
播客《日谈物语》Vol.265 ~ 267

The Guide to Getting Into City Pop, Tokyo's Lush 80s Nightlife Soundtrack
Rob Arcand, Sam Goldner, vice.com

Japanese 'City Pop': A Dreamy Trip Back to Japan's Capitalist Fantasy of the 1980s
Safiyah O, beardedgentlemenmusic.com

日本社会大事记系列
"客观日本"网站

专题·Feature

| 复制品 | 仿制品 |

- BREAK AWAY -
独立品：只保留了正本的某些显性/隐性特性，但这个连接不会消失

07 07

🕐 13'

从宙斯到微软：
文学、电影、神话与混合现实

From Zeus to Microsoft: On Literature, Movie, Mythology and Mixed Reality

written by 白树

曾用笔名"猫爪君"，文艺学硕士，科幻作者、编辑、万用工具人。作品见豆瓣阅读。

人类始终有两种愿望：一种是了解其生活真面目的愿望，另一种是创造第二世界并与他人分享的愿望。

想象一下，我们把两颗鸡蛋分别命名为"现实世界"和"虚拟世界"，打碎，搅匀，放入一对并列的碗中。无论把它们端上餐桌还是放入冰箱，我们都可以清晰地分辨出它们。但如果我们把蛋液倒入同一碗中，情况就会大不相同。

我们所说的"虚拟世界"，广义上是指与现实有所关联，但又不同于现实的超真实空间。这是一个相对概念，定义的基础来源于它与现实世界的相对关系，而这种关系又是通过"距离"确立的。只有当两者分处跷跷板的两端，各自作为独立存在的客体时，我们才能以对比观照的方式窥探其形态和内里，"虚拟"一词才有了效力——无论这种"虚拟"是出自艺术家还是代码程序。过去很少有人在讨论中提及这块跷跷板，因为这距离的存在看上去是显而易见的。但如今，这一显而易见的事实被打破了。在极速传播、大量增殖的媒介的统治下，人类认知中的空间和时间都已经模糊化，"距离"逐渐缩短，正走向零距离或负距离——麦克卢汉和鲍德里亚将这一现象称为"内爆"（implosion）。这种变化同样对"虚拟"与"现实"的概念外壳造成了冲击，两颗鸡蛋正在失去各自的轮廓，变得难分彼此。

依照距离的存在与消亡，我们可以把虚拟世界简单分为两类：一种寄宿于壁画、文学、电影等虚构作品或仿真产品中，独立于现实世界，其内容是对现实世界的摹刻和变形，供我们观看和探索；另一种根植于人类认知，没有范围和形态的限制，与现实世界不分彼此，甚至在某种程度上取代了现实。自原始文明开始，对两种虚拟世界的探索就一直是人们乐此不疲的游戏，但在游戏的背后，也孕育着一种危险的可能。

专题 · Feature

◇ 第二世界：托尔金的咒语课入门 ◇

1939年，托尔金（J. R. R. Tolkien）受苏格兰圣安德鲁斯大学邀请，做了一次关于安德鲁·朗的学术讲座。在讲座中，他第一次提出"第二世界"（the secondary world）的创作理论。托尔金认为，我们所熟知的日常世界由上帝创造，称为"第一世界"或"原初世界"（the primary world）；而相对的，"第二世界"就是人类经由想象力虚构出的、不同于现实的、由各类奇幻意象构成的架空世界。

尽管与民间故事一样富含幻想和神话元素，但托尔金认为第二世界不应是虚幻和无逻辑的白日梦，而是与现实世界具有同样的真实性和现实性，二者彼此参照，并行不悖。当然，这种真实性不是无条件生成的，它取决于创造者能否依靠自身技巧实现所创世界的"真实的内在一致性"（the inner consistency of reality）。在托尔金看来，第二世界无法溺于纯粹想象而抛弃第一世界的光照，它诞生于现实的投影中，与现实有诸多联系。

第一，第二世界与第一世界有着相似的建构基础，也就是一种必要的"组成"，包含历史、语言、信念、艺术、地域、宗教等。当然，我们并不需要将每种成分都纳入其中才可形成第二世界，但包含的要素越多，描述得越详实，就越能形成严谨的体系。从这个角度来说，童话故事中的"遥远王国""美丽公主"是远远不够的，在进行这样的表述前，我们首先要确立王国的地理位置、文化风土等一系列构成基础，而描述公主的过往、家族、信仰和世界观同样必要。这似乎有点儿像方法派表演所强调的一条准则——表演不能只表演结果。托尔金强调第二世界是明晰的也是历史的，这些"组成"始终存在，只是访客可以自行选择是否了解罢了。

第二，所有"组成"都必须遵循与第一世界相同的逻辑原理。这并不是说我们必须照搬真实的物理化学法则，而是说第二世界应严格遵循自己的律法，在逻辑上是自给自足、自圆其说的，不能相互矛盾。比如，矮人族出色的石工技巧来源于与高山岩石亲近的习性,聚居于森林中的精灵有着信奉自然之灵的信仰……在托尔金看来,这种自洽是"咒语"生效的关键,真实感正是在这种和谐统一中生长而出的:

> 故事创作者应是成功的"次创造者"。他造出了一个第二世界,你的心智能够进入其中。他在里面所讲述的东西是"真实的",是遵循那个世界的法则的。因此,当你仿佛置身其中的时候,你就会相信它。怀疑一经产生,这个咒语就失灵了,魔法或艺术表现就失败了。这个时候你又回到了第一世界,从外面注视着这个失败的第二世界。

托尔金的"第二世界"理论与它的完美脚注《魔戒》给后世奇幻文学开辟了一种新的范式。沿此路径,日本学者风间贤二(Kenji Kazama)把奇幻作品中的第二世界分为三类:第一类是与现实世界相距遥远的异世界;第二类是与现实世界平行存在、经由"门"连接的异世界;第三类则是包容在现实世界中的异世界。无论哪一类异世界,都是作为现实世界的对应之物存在的,区别只是距离的远近。

为什么虚构的第二世界总是与现实世界纠缠不清?托尔金的学生奥登(Wystan Hugh Auden)认为这与人类的本能愿望有关。人类始终有两种愿望:一种是了解其生活真面目的愿望,另一种是创造第二世界并与他人分享的愿望。每一个第二世界的构建都是对这两种愿望的同时显现,而创造者本身就像《纳尼亚传奇》中的魔法衣橱,连接着此境与彼方。

◇ "事情就在那儿,为什么要操纵它" ◇

现在,我们不妨沿相反的方向,再做一个有趣的假设:如果虚拟世界

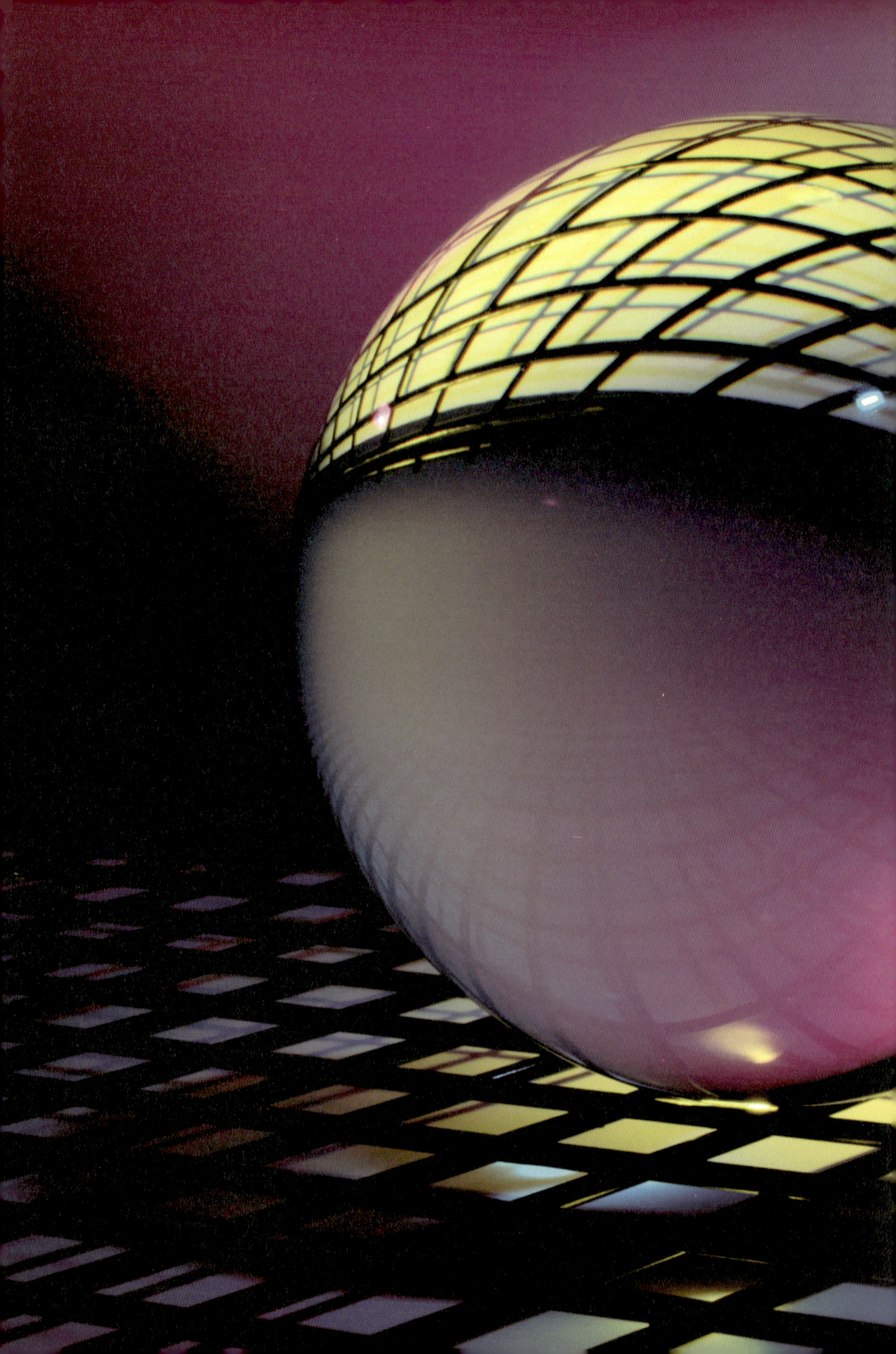

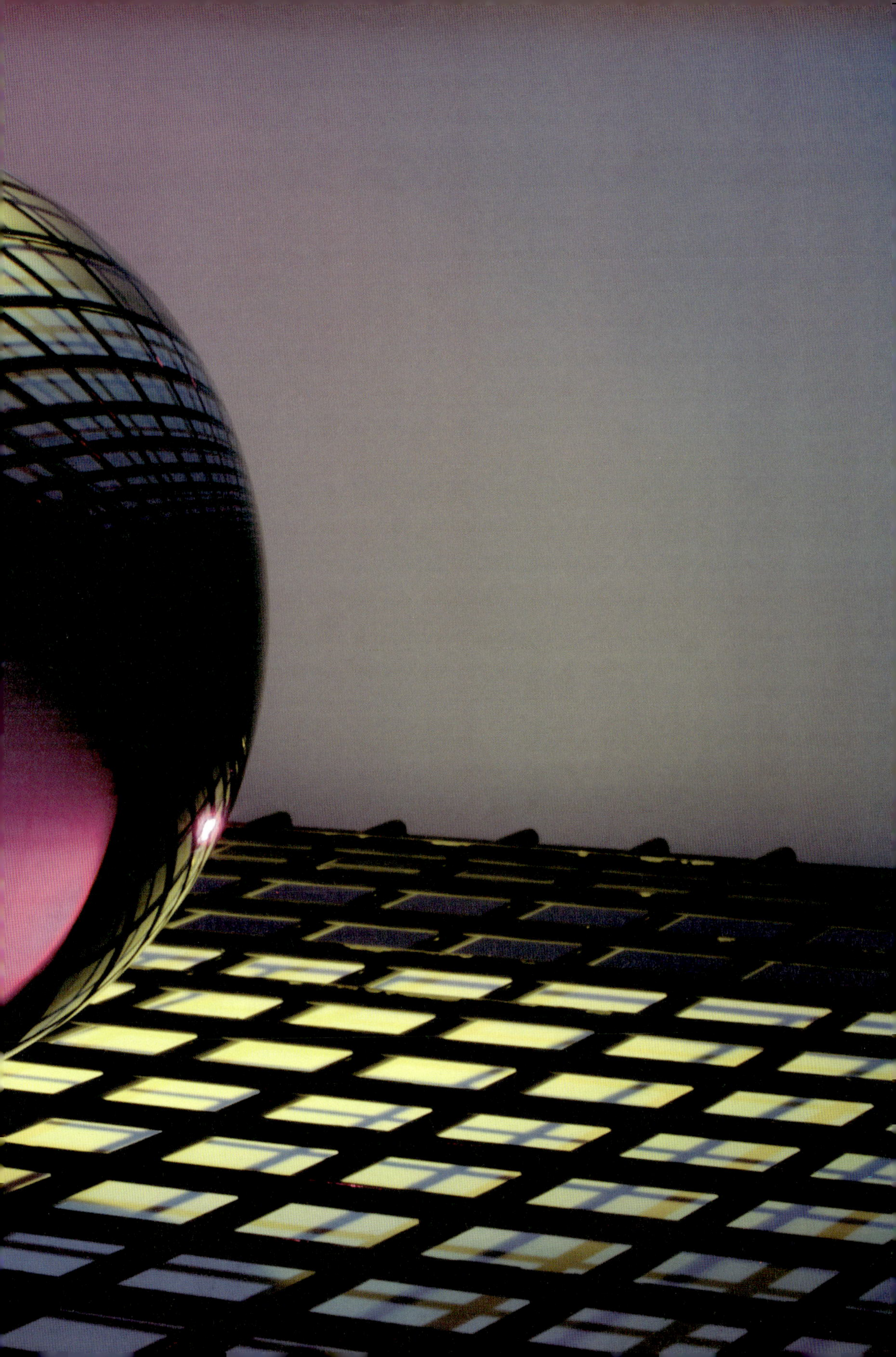

一定是现实世界的某种投射,这是否意味着我们可以在虚拟世界中完全复刻现实呢?

　　电影艺术似乎就是带着这样的目的于 19 世纪诞生的。跟剧场、绘画、雕塑和文学等传统媒介相比,电影显然更具真实性。它不需要借用抽象的色彩、灯光和文字,不需要用隐喻的方式"再现"(represent)场景和信息,仅需用摄像机忠实地记录,就能够创造出如临其境的拟真世界。托尔斯泰早在 1910 年就深知电影作为写实艺术的强大优越性:"这种转动着手轮的机器……其变换迅速的场景、交融的情感和经验,比起我们熟悉的、沉重的、早已苦涩的文学强得多,它更接近人生。"

　　现实主义电影传统的代表是法国理论家、《电影手册》(*Cahiers du Cinéma*)主编安德烈·巴赞(André Bazin)。巴赞坚持认为电影应该对真实进行完整复刻,所构建的影像世界必须体现现实的复杂性,不能通过技巧替摄像机和观众做选择,不能把多义简化为单义,把暧昧描述锯锉为清晰回答,否则是对现实的一种无意义扭曲。在他看来,电影应规避蒙太奇技巧,尽量少用剪辑,而多用远景、长镜头、深焦镜头及摇摄的方式,保证镜头的广度和时空的连续性。如果导演用剪辑将时空切得很碎,有意识地择选出某些镜头,那么呈现出的影像就会是贫瘠而狭窄的,所记录的真实也会失效。巴赞最欣赏的导演之一罗伯托·罗西里尼(Roberto Rossellini)更是直接说:"事情就在那儿,为什么要操纵它?"

　　但巴赞推崇的复刻现实并不是绝对的。他承认,电影是由"镜头"(shots)为最小单位构成的艺术,在镜头组合的过程中,多少都会对现实进行扭曲,尤其在时空一致性上有着难以解决的矛盾——拍摄时间与影像内时间几乎永不可能相同,而且哪怕是使用广角镜头与长镜头,也没法保证每时每秒都涵盖所有空间,一定会产生取舍和牺牲。而如果单纯堆砌数小时未经处理的、面面俱到的拍摄素材,又无法构成影像世界的有效逻辑,更不用提观看和欣赏的价值了。

从宙斯到微软：文学、电影、神话与混合现实
From Zeus to Microsoft: On Literature, Movie, Mythology and Mixed Reality

巴赞的困境在后来的 1995 年迎来了一次"神风特攻队式"的激进回答。丹麦导演拉斯·冯·特里尔（Lars von Trier）和托马斯·温特伯格（Thomas Vinterberg）提出了一种颇为疯狂的电影理念，指出艺术家应该抛弃好莱坞那种带有愚弄性的模式，创造纯粹、客观、完全写实的电影。为此他们提出了《道格玛 95 宣言》[《纯洁宣言》，（*The Vow of Chastity*）]，规定了十项教条：

1. 影片须在实地拍摄，不可搭景或使用道具；
2. 不可制作脱离画面的音响，也不可制作脱离音响的画面；

专题 · Feature

3. 须手持摄影机拍摄，影片的故事不必在摄影机在场的情况下发生，但影片的拍摄须在故事的发生地点进行；

4. 影片须是彩色的，不接受特别的照明；

5. 禁止进行光学加工或使用滤镜；

6. 影片不可包含表面行为（如谋杀、暴力等场面）；

7. 禁止时间和空间上的间离；

8. 不接受类型电影；

9. 影片规格须为 35 毫米；

10. 导演之名不可出现在职员表中。

道格玛小组设置了严格的评审程序和规则，申请认证的导演需要签订一份遵守教条的保证书。但实际上，想要完全符合这些教条是极其困难甚至根本不可能的。直到 20 世纪 90 年代后半叶潮流退去，都没有出现一部严格意义上的完美的道格玛作品，特里尔本人拍摄的《白痴》（*The Idiots*）、《狗镇》（*Dogville*）等片，也只能算是接近教条之作。

当虚拟世界寄宿于虚构作品，成为一种独立客体，它势必落入现实世界暧昧的引力场。它不能摆脱对现实世界的投射愿望，也没法真正做到完全复刻，而是永远摆荡于混乱的写实和精致的想象之间。弹力绳游戏一旦开始，就不会停下。

◇ 混合现实与奥林匹斯山上的众神 ◇

微软和 Magic Leap 等提出的混合现实（Mixed Reality，MR），尽管至今仍然频频遭受质疑，但它预示的方向和可能却是清晰的：当虚拟世界与现实世界的距离消失，这一对概念也会失去各自的存在基础，两者会以混合的方式，形成一种难以辨明、难以判断的叠加态。或者说，就人类认知而言，此时的一切都是"真实"的。我们可以触摸"虚拟"，也可以虚构"现实"，二者不再有区别。Magic Leap 的深度学习工程师托马斯·马里塞维茨（Thomas Malisiewicz）认为，混合现实将是一种"终极领域"。

就认知和心理层面上来说，"混合现实"的概念可以追溯到公元前 6000 年的神话时代（Mythological Age）。关于"神话"，我们一般认为是原始先民因缺少对世界的科学认识而想象出的一系列故事和人物，用以解释所见所闻的种种自然迹象。这里应该注意到，因我们健全的抽象思维和累积的科学知识，我们对于神话的解释一开始就基于虚拟与现实的分野，顺理成章地将其定义为虚构故事或民间创作。但对于尚未发展出完善抽象思维、共感思维却异常发达的先民来说，神话不仅不是虚构的，甚至是支撑现实的重要支柱。如果剥离神话，现实世界反而失去了合理的逻辑，变得虚假、不可捉摸。

维柯在《新科学》中提出一种观点：原始先民使用的是一种特有的"诗性思维"（poetic thinking），这种思维的核心特征是"以己度物"，也就是将一切外在的事物与自身相联，形成一种固定的规则，以此来替代因抽象思维不健全而缺失的"种类"概念。就本质来说，这是一种隐喻，而隐喻的终点就是神座。维柯说："他们想象到使他们感觉到和对之惊奇的那些事物的原因都在于大神，他们把一切超过他们狭窄见解的事物都叫作天神。"有了众神这一维度的介入，先民终于完成了对世界的普遍认识：他们将所有令人惊惧的雷电归因于主神宙斯，将一切无法辨别的花朵命名为花神。由我们如今的眼光来看，宙斯与花神当然是虚构的，但在千万年前，它们并不承载"虚拟"这一层含义，甚至不是作为独立存在的抽象概念，而是鲜活的、形象的，彻底融化在先民认知的世界中，覆盖其文化和生活的方方面面，对不可理解的狂野自然形成微妙的补充。同时，一种原始的、真假难辨的混合现实也由此生成。

专题·Feature

从宙斯到微软：文学、电影、神话与混合现实
From Zeus to Microsoft: On Literature, Movie, Mythology and Mixed Reality

◇ 混合现实的革命：入侵、消灭、替代 ◇

当然，这种特殊的混合现实基于先民特殊的思维，当人类的抽象思维逐渐完善，走出柏拉图的黑暗洞穴，分开且永远分开了虚拟和现实，那么混沌不分的世界也就变得澄澈清晰。我们不需要花费多大力气，就能从现实世界中摘除所有虚拟成分，对于"正本"的强认知也深刻影响了我们对"副本"的辨别力。不管是虚拟现实、赛博空间还是缸中之脑，尽管都存在一个与现实高度相仿的虚拟空间，但作为正本的现实世界仍然存在，两者间的对立也并未消失，我们仍有从虚拟逃逸回现实的可能性。就像建筑师、评论家保罗·维迪奥（Paul Vidio）所说，我们现在进入的是含有两个事实（虚拟的与现实的）的世界。

但混合现实在本质上与之不同。在理想状态下，它将摧毁两种空间的对立，摧毁正本，将真实替换为唯一且绝对的"超真实"。"超真实"这个概念同样来自鲍德里亚，原本被用来说明媒介已经用符号和幻象将现代社会包裹塑形，人类接触的并非真实，而是"拟真"。与实物对应的符号，现在不再需要实物作为原型了，其本身已经构成了一种事实。鲍德里亚举例说，我们所看到的海湾战争，实际上是由摄影师抓捕、剪辑和变形后的产物，它并非是对真实的再现，更像一场由实时转播媒体制造出的电影作品。那么真正的海湾战争呢？实际上它并不存在。

内爆与超真实取消了虚拟世界和现实世界的距离，二者融为一体似乎是不可避免的。而在媒介与虚拟技术的伴行下，这一融合（或者吞噬）的过程会比我们想象得更快。中山大学人机交互实验室主任翟振明在《有无之间：虚拟实在的哲学探险》中写道，VR和MR在形态上都并非终点，未来某一天它们将再次进化，发展为扩展现实（Expanding Reality，ER）。此时人类拥有的不仅仅是一个基于视觉的互动界面，而是一套臻于完美、与万物互联的虚拟交互系统，拟真物将填满现实的每个角落。我们将不仅

从宙斯到微软：文学、电影、神话与混合现实
From Zeus to Microsoft: On Literature, Movie, Mythology and Mixed Reality

生活在一个所有虚拟物都可实现操控和互动的环境中，还将拥有可在任何时间、任何地点现身的"化身"（Avatar）。翟振明说，化身不仅仅是一种供体验和互动的虚拟角色，还会替我们完成实践意义上的生产和生活——就像一种诞生于虚拟技术的克隆人。对"人"的替换是最终防线失守的标志，自此之后，现实世界对于虚拟成分的入侵将再无阻拦之力。传统中基于人的价值观、律法、道德标准和知识结构都将塌陷崩溃，失去效用，甚至"化身"这个词也只会存留一小段时间。很快，我们的认知中就再无正本和副本之分，而原本将一直清晰下去的世界，或许会再次迎来一万年前混沌而暗昧的晨光。[end]

参考资料：

《有无之间：虚拟实在的哲学探险》
翟振明著，孔红艳译，北京大学出版社，2007 年

《消费社会》
[法]让·鲍德里亚著，刘成富、全志钢译，折射集/南京大学出版社，2014 年

《虚拟现实的"仿真""内爆"与"超真实"》
段慧琳，北京大学新闻与传播学院"互联网：认知重启"课程，2017 年

The Tolkien Reader（《托尔金读本》）
J.R.R. Tolkien, Del Rey, 1986

《认识电影》（第 14 版）
[美]路易斯·贾内梯著、焦雄屏译，果麦文化/浙江文艺出版社，2021 年

专题·Feature

⏱ 26'

延伸阅读：
奇怪的副本艺术展

Copy:
A Most Unexpected Exhibition

written by 离线编辑部

一个公社。

延伸阅读：奇怪的副本艺术展
Copy: A Most Unexpected Exhibition

01

□ **原真性**

瓦尔特·本雅明（Walter Benjamin, 1892—1940），德国哲学家、文化评论者、折衷主义思想家。

原作的即时即地性组成了它的原真性（Echtheit）。完全的原真性是技术复制所达不到的。但技术复制能把原作的摹本带到原作本身无法达到的境界。首先，不管它是以照片的形式出现，还是以留声机唱片的形式出现，都使原作能随时为人所欣赏。大教堂挪了位置是为了在艺术爱好者的工作间被人观赏；在音乐厅或露天里演奏的合唱作品，在卧室里也能听见。

复制技术把所复制的东西从传统领域中解脱了出来。它制作了许许多多的复制品，用众多的复制物取代了独一无二的存在；它使复制品能为接受者在其自身的环境中加以欣赏，因而赋予了所复制的对象以现实的活力。

——瓦尔特·本雅明《机械复制时代的艺术作品》
（译文出自中国城市出版社 2002 年版）

专题·Feature

02
□《山寨：中国的解构》

Shanzhai: Deconstruction in Chinese, by Byung-Chul Han, translated by Philippa Hurd, The MIT Press, 2017

SHANZHAI
DECONSTRUCTION IN CHINESE
BYUNG-CHUL HAN

TRANSLATED BY PHILIPPA HURD

虽然书名叫作《山寨：中国的解构》，但韩炳哲想要探讨的是更内核的问题：真品（original）从古至今在中国文化中是如何被解读的，以及这种解读和西方的异同。在韩炳哲看来，"解构主义"最恰当地描述了中国人看待真品、真品的复制和复制品的方式。

首先，中国人并不像西方人那样，对真品有着狂热崇拜。真品的"原始性"并不存在，它是流动的、未完成的、发展的。其次，这就使中国人对"复制品"有更积极的定义和认识。这两点的典型表现是张大千对古画的临摹，他将自己创作的赝品视作与古人的交流对话，甚至将这些画作送至海外展出。

既然真品没有了独一无二的价值，那么"创造"也就不再重要。复制完全可以因为效率而存在。模具、批量生产、组装，中国式的批量生产技术从兵马俑开始，到印刷术，再到"仿制"手机，贯彻千年。

这也就不难理解为什么书名最终会落在了"山寨"上。在西方价值体系中，"假"有着极强的负面含义，因为"真"是神圣的创造（creation）。而在中国则不然。"假"不是站在创造的对立面，而是消除和抵抗创造（de-creation）。

韩炳哲虽然有东亚文化背景，但整本书的论述语境还是非常西方化的。给出的部分案例和中国人的传统认知存在着事实差异，一些哲学上的讨论也有"强拗"之感。但这并不妨碍它激发我们去思考自身。

延伸阅读：奇怪的副本艺术展
Copy: A Most Unexpected Exhibition

这是一部"一个人"的电影。主角山姆在月球上为一家地球能源开采公司工作。本以为完成三年合约就可以回地球和家人团聚，却因为一场意外，发现自己并不是山姆，而是他的克隆人5号。这个星球上的每一个山姆，都是克隆人。这就是整部电影唯一的剧情转折，然后故事滑向每个人都能猜中的结局。这部一个月拍摄完成的低成本科幻电影，正是靠着大面积的留白来营造身处宇宙的孤独感、对自我身份的怀疑，以及对人性的不断拷问。就像片中吟唱的那样：

I am the one and only, nobody I'd rather be.

03

□《月球》

《月球》(Moon)中的人工智能Gerty。

《索拉里斯星》是斯坦尼斯拉夫·莱姆于 1961 年出版的科幻小说，11 年后，导演安德烈·塔可夫斯基将它搬上银幕（《飞向太空》）。故事讲的是心理学家凯尔文前往索拉里斯星调查太空站失联原因，发现那里怪象重重，已经死去十年的妻子海若竟然出现在他的房间。这颗星球有一个巨大的胶状海洋，海若是大洋提取凯尔文的记忆而生成的复制品。海若喝液氧自杀、被凯尔文锁在火箭里发射，但新的海若总是再次出现，和之前一模一样。

"人的此在是一再重复，没错；但它会像一个酒鬼那样，不断往电唱机里投硬币，始终重复同一首老掉牙的曲子吗？"每一个记忆和回忆都能产生形体，生命幻生幻灭，随记忆而出现，再忆再出现，无限重复。在小说的结尾，凯尔文选择留在空间站等待海若。电影的结尾更进一步：凯尔文回到父亲的家，空气明净，狗儿跑来迎接他，他摸摸狗，走向窗前。镜头拉远，我们发现这些全是索拉里斯星的大洋重构的，它复制了凯尔文记忆里的整个场景。大洋没有情感，没有目的。作者和导演用两种方式思考自我和他者、真实和拟态，给我们留下了长久的回响。

04

□《飞向太空》

塔可夫斯基 1972 年版《飞向太空》（Solaris）剧照。

延伸阅读：奇怪的副本艺术展
Copy: A Most Unexpected Exhibition

罗马区（Colonia Roma，简称 Roma）是墨西哥城有名的中产阶级街区，导演阿方索·卡隆的童年在那里度过，电影《罗马》就源自他的童年回忆。通过数百条关于记忆的笔记，阿方索重塑了自己的感官记忆，寻找并且精准还原 20 世纪 70 年代罗马区的场景、物品和空间里的人。挑选群演前，剧组做了人口统计，不光控制人群的性别比例，还确认了各个社会阶层的人数和每个阶层内部的民族构成。阿方索认为，虽然时间不能倒流，但我们对空间的感知比时间本身更持久。复原后的空间就像灵感的沙盘，任由时间在其中流转，能帮助他捕捉到来自往昔的真实瞬间。

"在某一刻，我意识到这有多么疯狂。我置身于童年的家中，那儿有一个和我家人一模一样的家庭，穿着打扮和他们一样，行为举止也和他们一样。这对我来说，有点奇怪。"

05

□《罗马》《罗马：幕后纪实》
罗马南区特佩希街（Tepeji）21 号，阿方索儿时居住的街道。街区外观已经随城市发生了变化，剧组还原了这条街的风貌。停在街边的车和当年完全一样，群演也有着和从前邻居相似的长相。（《罗马》剧照）

专题·Feature

06
□《合法副本》

《合法副本》（Copie Conforme）海报。

故事发生在意大利，男女主人公驱车在托斯塔纳郊外游荡，争论艺术品副本是否具有真实价值。借由一个偶然的误会，他们顺势扮演一对夫妻，两人的状态在虚实之间摆动——夫妻关系是假的，但他们的谈话、笑容和失望又像真的。观众会在困惑和猜想中和人物一起触碰各自情感关系的本质。

"为什么不让观众干点活呢？"观看阿巴斯的电影就像诵读诗歌，导演从不给出标准答案，观众需要在脑海中调动想象力独立思考与创造。对电影原作来说，每个人的观影体验即是千差万别的"合法副本"。

07
□ 套娃

延伸阅读：奇怪的副本艺术展
Copy: A Most Unexpected Exhibition

08
□ **深圳大芬村**

纪录片《中国梵高》海报。

大芬村作为"中国油画第一村"有着 30 多年历史，是全球最重要的油画生产和交易集散地之一。在这个核心区域占地仅 0.4 平方千米的村落里，聚集了 1200 多家画室和近万名油画从业者。全年的油画产值逼近 50 亿元，约占全球总额的 70%。通过对世界名画的模仿，大芬村建立起了一个以画师、画具、画商为核心的成熟的产业链，连接起中国南方城中村里的油画流水线和世界艺术品市场。2016 年的纪录片《中国梵高》讲述的就是大芬村画工的故事。"他们从最初为了生存养家的'复制'，到渐渐地进入梵高的人生和艺术寻求，铸建新的人生梦想……表现出了深圳移民的创业和青年画工的中国梦。"

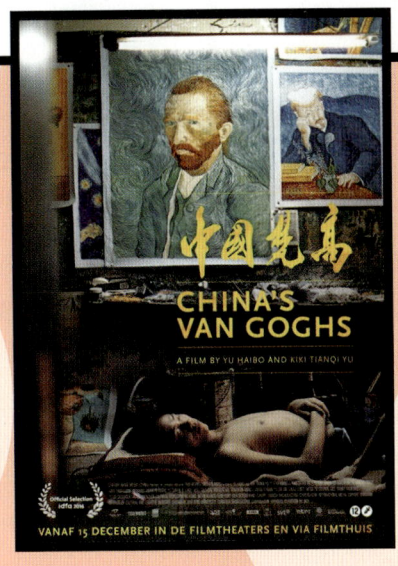

专题 · Feature

09 5

□ "历史上第一张下流摄影的复制品"
《五号屠场》Vintage Classics 新版封面（2021 年 4 月版）。

那个女人和小种马在边缘有小布球装饰的天鹅绒布幕前摆好姿势，两边是古希腊多利斯型石柱。在其中一根石柱前有一棵盆栽棕榈。韦利的照片是历史上第一张下流摄影的复制品。"摄影"一词在 1839 年首次被使用。也就在那一年，路易·达盖尔向法兰西科学院证明，涂一层薄银碘化物的镀银金属片上的图像，可以用水银灯进行显影。

仅仅两年以后的 1841 年，达盖尔的一名助手——安德烈·勒菲弗尔，因试图向他人出售一张女人与小种马的相片而在杜伊勒利花园被捕。韦利也是在那个地方买来这张相片的——在杜伊勒利花园。勒菲弗尔争辩说，这张相片是艺术品，他的意图是让希腊神话重现生命。他说希腊石柱和盆栽棕榈便是证明。

当他被问及想表现的是哪一个神话故事时，勒菲弗尔回答说有成千个诸如此类的神话故事，由女人代表凡人，小种马代表天神。

他被判六个月的监禁。在监狱里他因得肺炎而死去。事情就是这样。

——库尔特·冯内古特《五号屠场》
（译文来自译林出版社 2018 年版）

延伸阅读：奇怪的副本艺术展
Copy: A Most Unexpected Exhibition

11
☐ 中国新兴木刻版画之父
曹白《鲁迅像》，1935年。

20世纪30年代，鲁迅发起木刻运动，倡导以版画形式反映社会现实。在动荡时期，木刻所需的木块和刀具容易取得，制版后方便拓印传单，是灵活有效的宣传工具。当时创作新兴版画的进步艺术青年大多漂泊无定，无暇顾及这些作品，便转交鲁迅保管。在鲁迅品类繁多的版画收藏中，有2000多件新兴版画原作。

10
☐ 藏书票
《离线》杂志前身《1024》的藏书票。

藏书票是一种小型版画，把它贴在书本扉页，可以标示书籍拥有者的身份。早期印刷术不发达，书籍印量少，拥有图书本身就很奢侈，贵族会把家徽做成藏书票宣示书的归属权。文艺复兴时期印刷术的发展让书籍印量大增，贵族和学者便精心设计独有的藏书票，让自己手中的书籍复本与众不同，彰显格调。

专题·Feature

12 ☐ 花样游泳

花样游泳起源于欧洲，因1934年在美国芝加哥世界博览会的一场演出引起轰动而很快走红，1984年正式成为奥运会比赛项目。花样游泳的英文名之前一直是 synchronized swimming（同步游泳），整齐协调的艺术性动作是它的特点。直到2017年国际泳联才将其更名为 artistic swimming（艺术游泳）。

13 ☐ 溜冰场

商场里的真冰溜冰场就像把冬天结冰的湖面搬到了室内。奥运溜冰赛场有更严苛的制冰要求，需要使用杂质更少的水，使冰面更平滑稳固，是"提纯"版的湖面。

延伸阅读：奇怪的副本艺术展
Copy: A Most Unexpected Exhibition

14
□ 一株植物就像一个自我复制的群体

最初的生物选择了两种截然不同的演化道路：植物一样的静态生活和动物一样的流浪生活。动物从一开始就选择以移动的方式躲避袭击；而植物为了防御掠食者，演化出复制和再生的能力——如果植物的一部分被移除，它们不但可以重新长回去，而且会长得更好。植物的躯体由可分割的重复模块组成：枝、干、叶和根部都是由简单的小组件构成的组合体，有点像乐高。阳台上的天竺葵看起来是一个完整体，但如果你摘下一片叶子种在土里，这一小片会长出新根，然后长成一株新的植物。一株植物就像一个自我复制的群体。

专题·Feature

15
□《夜巡》

《夜巡》，阿姆斯特丹国家博物馆藏品，创作于 1624 年。

17 世纪上半叶，富裕的阿姆斯特丹民兵队集资 1600 枚银币，委托伦勃朗绘制集体肖像。按惯例画家会交出一张列队整齐的"集体写真"，但伦勃朗野心勃勃，在近 4 米高的巨大的画布上，用戏剧化的光影、构图和生动的细节，描绘了一幅充满翻腾动感的场景。画中人的脸大多半掩在黑暗中，让民兵队不太满意。伦勃朗却挺得意，自掏腰包请人临摹了一幅小画，尺寸是原作的 1/36。

据说荷兰人一生至少要看一次《夜巡》。民众喜爱在节庆日穿上旧时服饰，模仿画中场景。现在你也可以在万罗伊画廊官网（nachtwacht360.nl）在线观赏《夜巡》的真人还原版本。

延伸阅读：奇怪的副本艺术展
Copy: A Most Unexpected Exhibition

16
☐ 分形

分形（fractal）通常被定义为"一个粗糙或零碎的几何形状，可以分成数个部分，且每一部分都（至少近似地）是整体缩小后的形状"，即具有自相似的性质。自然界里一定程度上类似分形的事物有云、山脉、闪电、海岸线、雪片、植物的根、蔬菜（如花椰菜和西兰花）和动物的毛皮图案等。

葡萄牙诗人与作家费尔南多·佩索阿构筑了一个庞大的文学世界，他把绝大部分作品都安在不同的"异名"（heteronym）身上，据统计有72个之多。这些异名不是笔名，而是完整的人格，有独立的性格、观念和风格，甚至会和"本我"互通书信，也有的互相之间并无关系。

17
☐ 异名

费尔南多·佩索阿（Fernando Pessoa，1888—1935）画像。*Fernando Pessoa Heteronímia* by Carlos Bottelho.

专题·Feature

18
□《蒙娜丽莎》的复制品们
L.H.O.O.Q. by Marcel Duchamp and Francis Picabia.

由达·芬奇绘制于 16 世纪初的《蒙娜丽莎》，是艺术史上最重要的绘画作品之一。5 个世纪以来，艺术家和模仿者们前赴后继，在庞大的复制品中，又诞生了大量的艺术品。其中有早期达芬奇本人的自我复制版本，也有他的学生和间接追随者对真品的临摹和再创作，如沙莱（Salaì）的《普拉多的蒙娜丽莎》。随着《蒙娜丽莎》的影响力遍及欧洲，16—18 世纪，皇室和贵族的追捧驱使社会各阶层开始基于这个女性形象进行艺术演绎。拉斐尔就为当时的米兰女公爵伊莎贝拉绘制了模仿蒙娜丽莎仪态和表情的画像。进入现代，杜尚称得上"恶搞"的作品 L.H.O.O.Q.，为后来者打开了解构《蒙娜丽莎》更自由、更广阔、更持续的空间。"她"不再仅仅是艺术品，而是艺术本身。

延伸阅读：奇怪的副本艺术展
Copy: A Most Unexpected Exhibition

12

20

□ 禁止复制

勒内·马格里特（René Magritte，1898—1967）作品《禁止复制》（*La Reproduction Interdite*），现收藏于博伊曼斯·范伯宁恩美术馆。

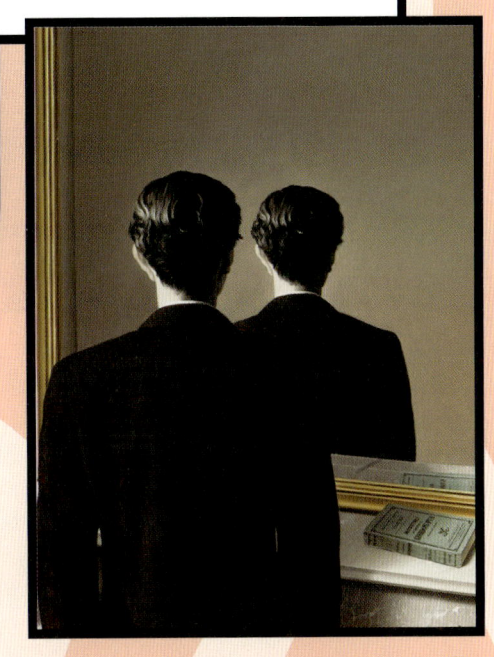

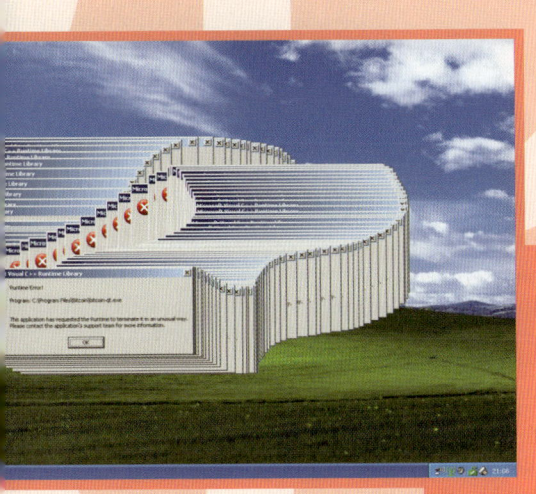

勒内·马格里特是比利时超现实主义画家。其 1937 年的油画画作《禁止复制》描绘了一个男子面向壁炉台上的镜子。台上的书在镜中出现正确的镜像，证明这是一面镜子，但男子在镜内外皆为背影，反驳了这一事实。那么，两个背影一模一样，究竟是不是"复制"？

19

□ Windows 经典记忆

专题 · Feature

名字一样的人重复一样的人生。

21

□《百年孤独》

布恩迪亚家族六代人因权力与情欲的轮回而兴衰起落，诉说着拉丁美洲的百年沧桑。图为 Editorial Sudamericana 版《百年孤独》（1967 年）封面，是加西亚·马尔克斯的朋友比森特·罗霍设计的。

22

□"在游戏里与她相见"

《刺客信条：大革命》中的巴黎圣母院。

育碧（Ubisoft）的游戏一直以高度还原城市和场景而著称。《看门狗》和《全境封锁》对旧金山和曼哈顿实现了接近 1∶1 的还原，包括和现实一样的道路、路标及天气状况；《刺客信条》系列甚至做到了还原城市的历史样貌。育碧的高还原度依靠的是长期实地拍摄、测绘等方式取得的数据，还曾经探索用《看门狗 2》中的旧金山来测试无人车。2019 年巴黎圣母院大火后，有人认为可参照《刺客信条：大革命》中的场景进行修复。育碧工作室回应："在巴黎圣母院暂时离开的这段时间里，至少还能在游戏里与她相见。"

延伸阅读：奇怪的副本艺术展
Copy: A Most Unexpected Exhibition

23

☐ 卷土重来

Stone Free: A Tribute to Jimi Hendrix.

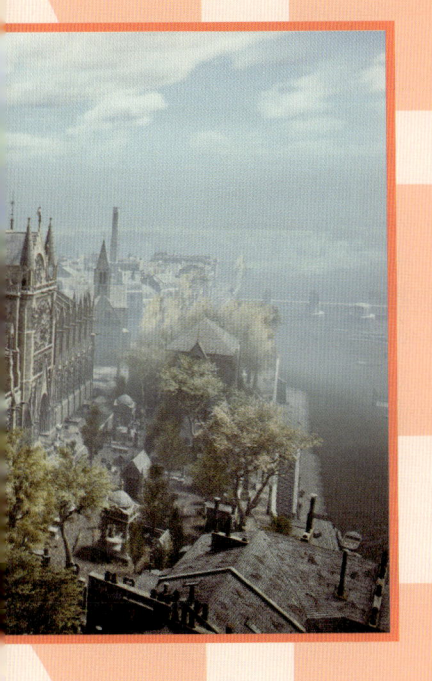

"五年后，我想写写剧本写写书。我想坐在我自己的岛上，听我的胡子生长的声音。然后我会回来，像蜂王一样，卷土重来。"

吉米·亨德里克斯在接受采访后三年，也就是1970年的秋天离世。摇滚名人堂对他的评价是"摇滚乐历史上最伟大的演奏家"。1993年的这张致敬专辑，深刻反映了被吉米影响的音乐人的特质。从早期的英国摇滚巨匠，以克莱普顿、贝克为代表，逐步扩大到美国的布鲁斯、嘻哈，以及古典流行、另类摇滚。每个风格的代表人物都以"粉丝"为名，以自己特有的方式共演绎了14首歌曲。整张专辑由吉米的御用录音工程师艾迪·克雷默、他的传记作者约翰·麦克德莫特、他隶属的华纳唱片高级副总裁杰夫·戈尔德联合制作。

一次伟大向伟大的致敬，吉米·亨德里克斯的另一种"卷土重来"。

专题 · Feature

两次工业革命让美国人民沉浸在新技术带来的进步主义风潮里，此时火车、汽车和飞机模型，以及儿童版的收音机和相机成了孩子（尤其是男孩）的玩具。儿童在玩乐里"实习"成年生活，在潜移默化中接受其中的性别、技术和商业信息。在20世纪之前，女孩们的洋娃娃主要是作为"服装模特"陪伴左右的，女孩通过为娃娃做衣服来学习缝纫技能；富人家的女孩还会通过给娃娃"过家家"、换装，学习社会礼仪及对不同布料的鉴别能力。到了20世纪，和男孩模型玩具类似，技术成果的微缩版也出现在女孩的玩具箱里，它们是玩具洗衣机、煤气灶模型等现代科技的复刻，把女孩带向"现代家庭主妇"的固定角色。

24

☐ 过家家

1877年法国产的瓷娃娃，妆容及身材比例更接近成年女性，衣着也颇具装饰性。该娃娃收藏于西班牙坎洛皮斯浪漫主义博物馆。

延伸阅读：奇怪的副本艺术展
Copy: A Most Unexpected Exhibition

25
□《瑞克和莫蒂》(Rick and Morty)

2013年开始播出的动画剧集。每一季结束后的灵魂拷问都是："谁背叛了组织没有打出满分？！"主人公一家穿梭在不同的平行宇宙中，和自己的无数个副本相遇、冲突。但这个设定也毫无必要。副本也可以是任意一个别的什么角色。《瑞克和莫蒂》抛弃一切外壳设定都成立，它追问和挑战的是人存在的意义。

26
□ 正本的替身的副本

正本的替身的副本

先制作替身，再制作副本。右键它，"显示原身"。

专题·Feature

27

□ 拷贝教

拷贝教的标志。

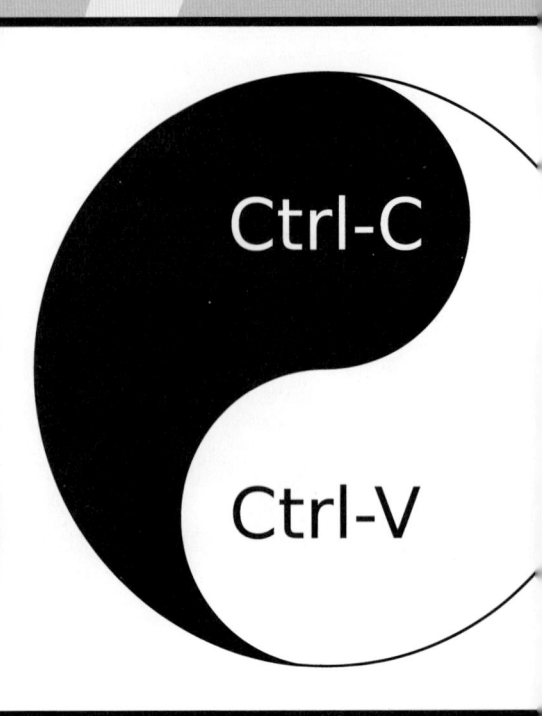

拷贝教（Kopimism）是瑞典政府承认的合法教会，又称复制共享教，由瑞典人以撒克·葛森（Isak Gerson）创立。它的宗旨在于反对反盗版法案，支持各种数字文件的复制与下载权利，他们主张网络著作权法案侵犯了言论自由。拷贝教成员认为，分享文件是一种宗教服务，对该教而言，使用电脑键盘复制和粘贴的 Ctrl+C 和 Ctrl+V 动作是一种神圣的象征。

拷贝教的名称源自《圣经》中《歌林多前书》11 章的第一句："你们该效法我、像我效法基督一样。"拷贝教徒将这句翻译为："拷贝我，就像我拷贝基督一般。"（Copy me, my brothers, just as I copy Christ himself.）

图片来源：

La Reproduction Interdite、Stone Free：Wikipedia Fair Use
本雅明、瓷娃娃、分形：Wikimedia Commons Public Domain
Fernando Pessoa Heteronímia：Carlos Botelho / Wikimedia Commons CC BY-SA 2.0
植物、套娃：Pixabay
拉里·特斯勒：Yahoo！官方博客
花样游泳：图虫创意

延伸阅读：奇怪的副本艺术展
Copy: A Most Unexpected Exhibition

31

拉里·特斯勒于1973年正式开始在施乐PARC主导一个文字处理器项目Gypsy。在这期间，他和同事蒂姆·莫特畅想了未来的计算机交互一定是基于图形界面的，在这个基础上共同开发了"复制—粘贴"（copy-paste）这一后来计算机操作系统中的通用功能。

由于特斯勒在施乐PARC从事图形界面研究近十年，又随着乔布斯那次著名的"偷窃"拜访后加入苹果工作了17年，他常常被认为是"麦金塔电脑GUI之父"。但他本人在自己简陋不堪的官网履历里强调：他不是，但可能有点血缘关系。

特斯勒于2020年2月16日去世。

28
☐ **copy-paste**

拉里·特斯勒（Larry Tesler，1945—2020）。

专题·Feature

美国"垮掉的一代"作家杰克·凯鲁亚克于1969年去世，他的作品在2020年1月1日进入公版，于是我们看到了一大批《在路上》的中译本出版。英文原版最初出版于1957年。

29
□ Bonus：《在路上》2020年中译本封面展

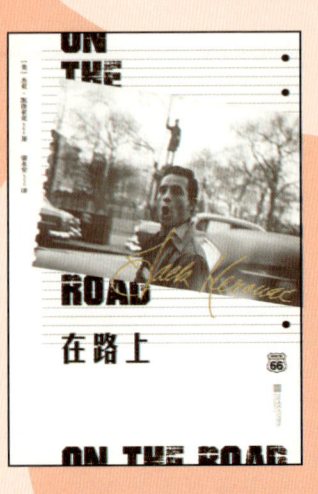

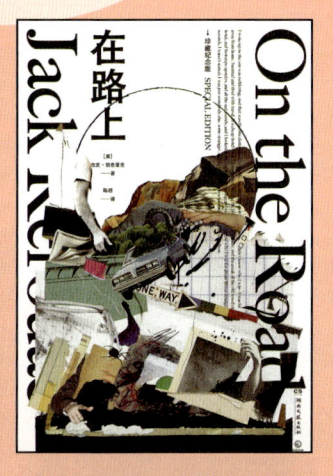

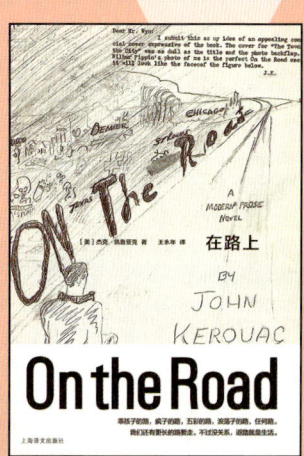

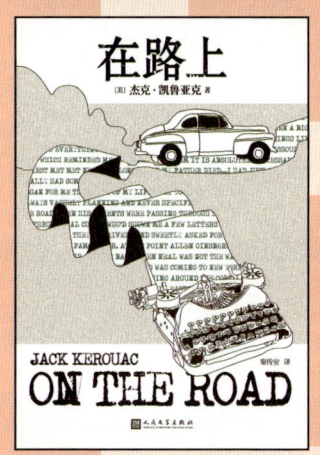

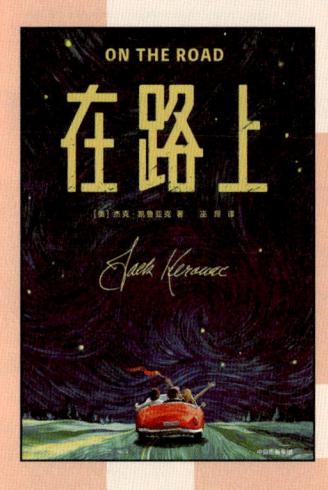

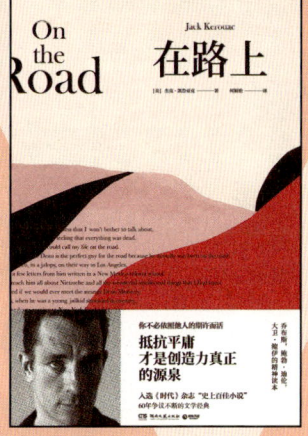

延伸阅读：奇怪的副本艺术展
Copy: A Most Unexpected Exhibition

TOOLS
工耳
边走边听
Walkman

一代人戴上耳机,走出家门,
将音乐变成独享的 BGM。

TOOLS

TOOLS

工具

工具

TOOLS

工具・Tools

○ 20'

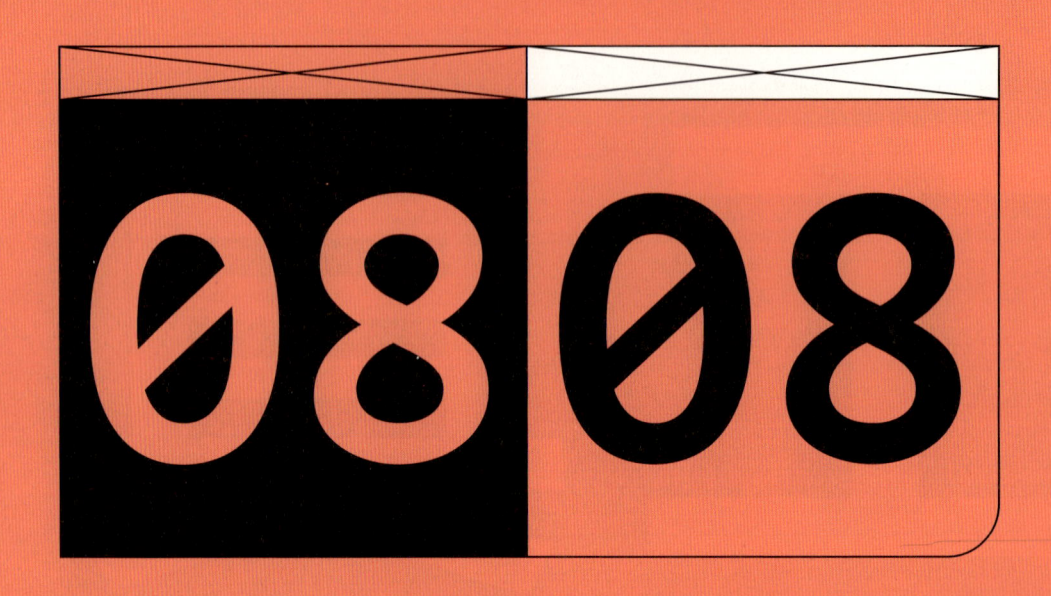

边走边听：
移动设备、音乐私有与个性表达

Walkman Impact:
Mobile Device, Personalized Music and Self Expression

written by Jesse Chan

写报道，做评测，追偶像，打游戏，总是戴着耳机，收藏模型、唱片和纸星星。早熟过，所以一直没长大。

边走边听：移动设备、音乐私有与个性表达
Walkman Impact: Mobile Device, Personalized Music and Self Expression

137

"边走边听"随着听音设备的进化，逐渐风靡并最终成为千禧一代的原生习惯。而音乐介质也随之从原子逐步脱离，比特化让音乐本身变得越来越"私有"。

图1：1985年，扛着 Boombox 上街的年轻人。图片来源：Alan Light/Wikimedia Commons CC BY-SA 2.0

我们大概很难理解这种 40 年前的潮流——在 Boombox 聒噪的外放音乐中，喇叭裤青年在街头起舞。这就是 20 世纪 80 年代前公共空间的主流娱乐形态——人们分享空间、分享音乐，并在这个过程中形成交流和互动。直到 1979 年，Walkman 出现了。

Walkman 改变了一切。这款轻便小巧的磁带播放器，开创了一种新的、随时随地独自聆听音乐的行为模式。它将公共空间撕裂，迅速催生出一块个人化、沉浸式的领地。年轻人戴上耳机，按下 Play 键，穿梭在地铁、城市中。

工具・Tools

1 第一款 Discman —— D-50
2 Walkman
3 CD 机
4 第一款 Walkman —— TPS-L2
5 AirPods
6 iPhone
7 iPod

边走边听：移动设备、音乐私有与个性表达
Walkman Impact: Mobile Device, Personalized Music and Self Expression

139

这种私人化的娱乐方式迅速席卷全球。作为现象级的产品，Walkman 在商业上的巨大成功推动了索尼的高速发展；作为文化的具象象征，Walkman 笼络了一大批忠实粉丝，其中包括一名美国西海岸青年——史蒂夫·乔布斯。那时他 20 多岁，刚刚在个人家用电脑领域成功创业，喜欢索尼的产品和设计。

很难想象，作为粉丝的乔布斯会在 22 年后成为 Walkman 的终结者（虽然最终他也终结了自己）。2001 年，iPod 发布，随身听音进入了新纪元。如果说，20 世纪 80 年代的索尼让听音设备彻底便携移动化，那么进入新千年，苹果则让音乐本身便携移动，"把 1000 首歌装进口袋"。

回顾 40 年，从 Walkman 到 CD 机，再到 iPod、iPhone 和 AirPods，"边走边听"随着听音设备的进化，逐渐风靡并最终成为千禧一代的原生习惯。而音乐介质也随之从原子逐步脱离，比特化让音乐本身变得越来越"私有"。

一代人戴上耳机，走出家门，将音乐变成自己独享的 BGM。

◇ Walkman：随身携带的音乐 ◇

井深大创造 Walkman 的理由很简单：当时的磁带播放器太不便携了。

身为索尼联合创始人，井深大可能是世界上最早一批"音频发烧友"。他热爱歌剧，出差行李里长期装着一台磁带播放器，不浪费旅途中的每分每秒。但他对这种体验并不满意，毕竟当时最便携的磁带播录机也约有一台 PS4 那么大，那些机器的设计初衷是给记者采访时录音用的。

对播录机便携性感到不满意的同时，井深大在思考，是否可以将这台机器做得更小、更便携。工程师出身的他没有犹豫，立刻在索尼内部组建了一支团队，着手开发一款真正的"便携播放器"。

研发进展得很快。正式立项仅半年后，1979 年 7 月 1 日，第一款 Walkman 就问世了，型号为 TPS-L2。仅仅是第一代产品，Walkman 的体积就急剧缩小到手掌大小，以至于定义了一种新的设备形态。音乐播放器从留声机、收录机时代，进入了随身听时代。

为了实现边走边听的目标，Walkman 做了很多功能缩减。它最初只有"播放"这一个功能，不可以录音，也不能收听电台广播。而且 Walkman 没有扬声器，取而代之的是两个耳机孔，必须插上耳机才能听到音乐。

这一特点引发了不小的争议。在索尼内部，创始人盛田昭夫首先提出质疑，认为一个人自顾自地戴着耳机听音乐，会被视为一种粗鲁的行为，特别是在非常强调公共礼仪的日本。除此之外，还有不少人认为戴着耳机走在街上是很危险的，危害了公共交通安全。

反对声在一些地区甚至上升到了法律层面。1982 年，新泽西州伍德布里奇镇法院通过了一项法令，禁止当地人在开车、骑车、横穿马路时使用 Walkman 听音乐，违者可能被处以 50 美元罚款，甚至 15 天拘禁。直到今天，这项法令仍然有效。

即便反对声不断，Walkman 还是赢得了年轻人的青睐。进入 20 世纪 80 年代，越南战争的余波逐渐平息，日本也经历了经济的高速增长，年轻人自我意识抬头。"个性"成了那个时代最重要的关键词。那一代人更关注自我，而 Walkman 恰好迎合了这种需求。它成为年轻人不羁性格的象征，一种潮流文化符号。

就产品本身而言，Walkman 也开创了诸多先河。它是第一代"个人"数码产品，也是第一款"移动化""可穿戴"的数码产品。别在腰间的彩色随身听成了人们对外形象的一部分，而随时随地将自己"封闭"在音乐世界里，也划分出了"个体"与"公共"的界限。

伴随 Walkman 的风靡，磁带的销量也开始暴增。1982 年，音乐磁带在美国的销量首次超越黑胶唱片，成为唱片店里的主角。不仅如此，空磁

工具·Tools

带也成为一代人挥洒个性的画布。人们将专辑里的歌曲、电台里播放的音乐，用家里的播录机录进空磁带，排成自己的曲库。再在磁带前后录上自己想说的话，就做成了一盘"混合磁带"。

　　人与音乐的关系就这样被彻底改变了。混合磁带出现后，人们也不再是单纯的"聆听者"，转而开始对音乐进行二次编排和创作。年轻人在磁带外壳上写上标题、画上图案，互相交换制作的磁带。在这个过程中，Walkman 的私密特性也起到了催化作用。高中生们将精心制作的混合磁带作为礼物送给暗恋对象，由 Walkman 将声音传进对方的耳朵和内心。音乐成了他们表达感情的介质。

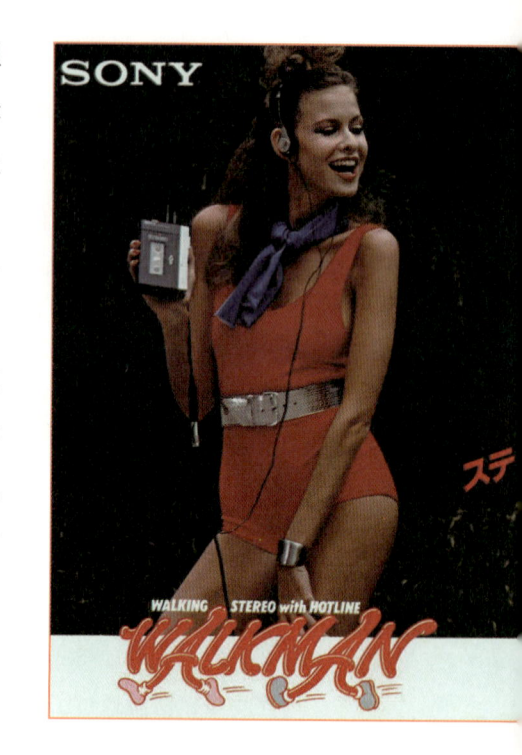

◇ CD：数字化的开始 ◇

　　Walkman 和磁带改变人们听音方式的同时，一场"媒体数字化"运动也正在轰轰烈烈地进行。CD 光盘是这场运动的主角。

　　早在 1979 年 Walkman 刚刚问世之时，光盘的技术原型就已经出现了。当时欧洲和日本试产了几种不同规格的 CD，分别由索尼和飞利浦主导。三年之后，两家公司展开合作，确定了光盘的物理规格和技术标准，它的尺寸至今未变。

　　相比磁带、黑胶唱片这些模拟储存介质，光盘的优势显而易见：数据密度大，能输出更好的音质；它也更稳定，不像磁带在潮湿空气中容易出现声音失真的问题。听 CD 时，用户可以轻松"跳选"不同歌曲，不需要

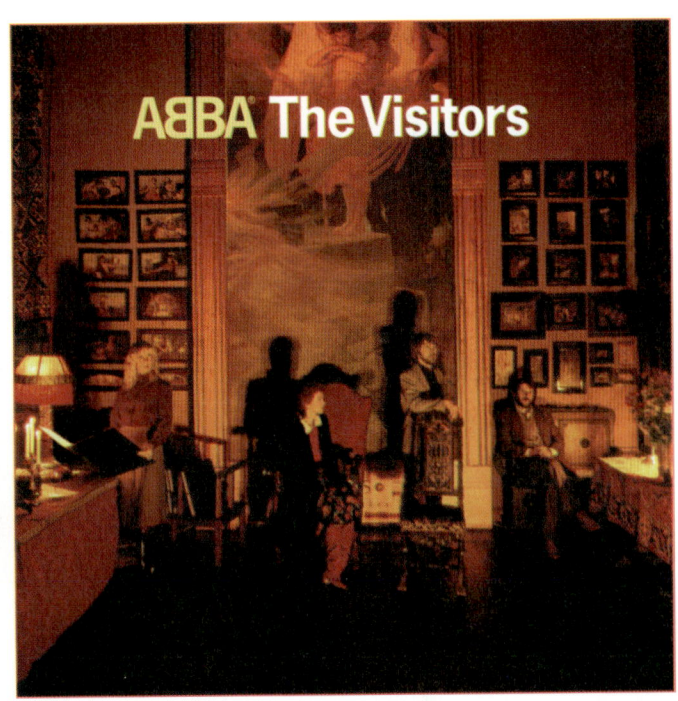

边走边听：移动设备、音乐私有与个性表达
Walkman Impact: Mobile Device, Personalized Music and Self Expression

143

◎ 图 2：Sony Walkman 的广告宣传。

◎ 图 3：历史上第一张 CD 形式的音乐专辑。

通过反复快进快退，寻找一首歌的起点。这些优势都是数字化带来的。

这也是整个产业的大势所趋。从音乐的录制、后期，到拷贝、分发，各个环节的设备都在逐渐电子化、数字化。这也使 CD 在烧录量产时更方便，成本更低。1982 年，瑞典乐队 ABBA 发布了历史上第一张 CD 形式的音乐专辑——*The Visitors*。

有 Walkman 的成功经验在前，索尼很快就开始研发便携式 CD 播放器。1984 年，第一款 Discman——D-50 问世，同样在保留基本功能的前提下尽可能做到了轻便小巧。只不过因为 CD 本身的尺寸所限，Discman 的便携程度仍无法与 Walkman 相媲美。彼时，磁带是主流的音乐发行介质。除了录音机、Walkman，大部分汽车上配备的也都是磁带播放器。即使 CD 具有音质上的优势，市场也需要时间来完成两种技术的交接。

工具·Tools

　　1988 年，CD 唱片的全球销量超越黑胶唱片；1991 年，首次超过了磁带。同期，索尼推出了 MiniDisc、数字磁带等比 CD 更轻、更小的数字储存封装介质。但 CD 的流行不止关乎 CD 机，还与个人电脑的普及息息相关。20 世纪 90 年代初，个人电脑的风潮席卷发达国家，整个市场开始爆炸式增长。从 1990 年到 2000 年，美国家庭电脑的普及率从 15% 迅速增长至 51%。这时，数字化的 CD 也显现出了优势。用户将 CD 插入电脑的光驱中，就可以将歌曲文件复制到电脑上进行再创作。Walkman 和磁带的历史，又在 CD 机和 CD 身上复刻重演。

　　索尼引领了"随身音乐革命"，用 20 年定义了两代随身听产品。直到今天，CD 仍是实体唱片载体的主流。只不过，"实体"已经只是音乐大浪潮中的一朵浪花了。听音历史因为互联网的出现和普及正在酝酿一场更大的转向。

◇ iPod：组织形式的转变 ◇

　　这一次，里程碑的创建者不再是索尼，而是苹果。这并非偶然。

　　乔布斯是一个"日本迷"，对日本的制造文化、东方美学有着浓厚兴趣。在公开场合，他毫不掩饰自己对索尼的敬仰，他崇拜盛田昭夫将艺术、娱乐和技术整合进产品的做法，甚至直言想将苹果打造成一个"像索尼一样的公司"。这份敬仰也得到了盛田昭夫的回应。1983 年，他邀请乔布斯来日本参观，两人建立了深厚的私交。

　　乔布斯和盛田昭夫的关系为苹果和索尼的合作提供了土壤。即使在乔布斯离开苹果的那段时间里，两家公司依然在一些项目上保持着密切合作。1996 年，乔布斯回归苹果之后，两家公司的关系更是不断升温。他甚至考虑过将全新的 iMac 电脑命名为 MacMan，在名字上致敬一代传奇

边走边听：移动设备、音乐私有与个性表达
Walkman Impact: Mobile Device, Personalized Music and Self Expression

○ 图 4：一种另类致敬——iPod 诞生。

○ 图 5：线上"唱片店"iTunes Store 于 2003 年开业。

产品 Walkman。最终，乔布斯用另一款产品，以一种戏剧性的方式致敬了 Walkman。

2001 年，iPod 诞生。发布会上，乔布斯对比了 iPod 和 CD 的存储效率，强调了 iPod 硬盘大、传输速度快、轻便经济的优势。5GB 容量的 iPod，让用户能将 1000 首歌装进"口袋"，这几乎是大部分人整个音乐曲库的储备。iPod 随后获得了口碑和市场的双重肯定，但这个成功却不仅仅是硬件上的胜利。

早在 20 世纪 80 年代，解码数字音频文件的技术就已经出现，但要把这种技术商业化却非常困难，因为当时 Walkman 和磁带、CD 机和 CD 才是主流的听音设备和介质。iPod 上市之初，也只能算是一个"CD 导入设备"。

没有以数字文件形式进行贩售的音乐产品，是 MP3 这类播放器发展的最大障碍。所以苹果的胜利，从根本上来说是配套解决了数字音乐商业化的问题。2003 年，线上"唱片店"iTunes Store 开业，苹果开始通过互联网以更便宜、更方便、更自由的方式直接销售数字音乐。iTunes 上数字专辑的价格只有实体唱片的一半；用户也可以选择只花 0.99 美元就能购买任意一首单曲。

iTunes Store 开业前的两年间，苹果卖出了 60 万台 iPod。而到了 2007

工具·Tools

年，随着产品线不断丰富，iPod 累计销量突破了 1 亿台，销售额占到苹果总营收的 40%。人们戴着经典的小白耳机，随着音乐舞动身体的剪影，成为千禧一代的经典记忆。

　　iPod 继承了 Walkman "边走边听"精神的同时，让听音进一步摆脱了对物理介质的依赖。音乐的组织形式也随之被改变。人们不再只听"完整"的专辑，单曲及以单曲为基础形成的歌单，成为更主流的选择。外部的世界也在剧烈变化着，移动互联网的高歌猛进将推动音乐行业再一次颠覆自己。

◇ 流媒体：像自来水一样的音乐 ◇

　　2011 年仿佛是盛衰的明暗交界线。阿黛尔（Adele）的专辑《21》取得巨大成功，它是第一张在 iTunes 上达成百万销量的专辑，也是进入 21

◎ 图 6：广告中人们戴着小白耳机舞动身体的黑白剪影成为了经典。

◎ 图 7：Spotify 上阿黛尔的页面。

世纪至今最畅销的专辑。同年，音乐圈的另一件大事是，瑞典人丹尼尔·埃克（Daniel Ek）在斯德哥尔摩创办的流媒体音乐服务平台 Spotify 进入美国市场。

创立之初，Spotify 的愿景是让音乐像自来水一样无处不在，便宜且易获得。它基本上是免费向用户提供音乐的。即便是付费订阅用户，每月也仅仅需要支付 10 美元，就可以随心所欲收听平台上数千万首歌曲。在唱片时代，这个商业逻辑只能用疯狂来形容；但随着传统唱片模式崩塌、产业规模大幅收缩、数字化造成盗版猖獗，唱片公司和音乐人已经没有更多的选择。

与此同时，用户的习惯也在智能手机、移动互联网、可穿戴设备的联合夹击下发生了变化：人们不再使用单一的设备在固定的场景下听音乐。他们需要一个跨平台的音乐服务，将不同设备、不同场景下的音乐需求无缝连接起来。如果这个服务好用不贵，那就完美了。

2015 年，苹果也进入这一领域，推出了 Apple Music。其他科技巨头，

工具·Tools

从 YouTube、亚马逊再到腾讯，也都纷纷加入战局。人们似乎更热爱音乐了。2015 年到 2017 年的数据显示，Spotify 用户平均每个月听音乐的时长从 19 小时上升到了 25 小时。截至 2019 年，Spotify 赢得了近 3 亿月活用户，其中付费用户为 1.3 亿。高盛预测，全球流媒体付费用户将在 2030 年达到 12 亿。

⊙ 图 8：Apple Watch Series 3，新一代随身听"配件"。

与此同时，歌单也成了人们发现和消费音乐的主流方式。Spotify 平台上有超过 40 亿张歌单，用户有 68% 的时间都在听歌单，其中有一半是自己编排的。从这个层面上看，出生于 21 世纪的年轻人和 40 年前制作"混音磁带"的年轻人仍在分享相似的创作乐趣。

而听音的硬件与其说是进化，不如说是终结了。iPod nano 和 shuffle 的停产、touch 的停止更新宣告了这个全球销量超过 4 亿台的系列设备正式被智能手机吞没。但当年那副标志性的小白耳机在经历了多次迭代后，以另一种形式保留了下来。

2016 年，AirPods 问世。发布仅 3 年后，AirPods 的总销量就突破了一亿副。实现这一成绩，Walkman 用了 12 年，iPod 用了 5 年。通过一副耳机，

边走边听：移动设备、音乐私有与个性表达
Walkman Impact: Mobile Device, Personalized Music and Self Expression

人们能轻盈自如地切换于不同设备之间，让"边走边听"的体验接近极致。2017 年，苹果发布了 Apple Watch Series 3，在手表中加入了 LTE 蜂窝网络功能。用户仅需戴一副 AirPods 加一块手表，就可以收听 Apple Music 上的 4000 万首歌曲。"耳机 + 手表 + 流媒体"的组合成了新的"随身听"。

40 年间，"随身听"的重量从 400g 减轻到 30g，它能携带的歌曲从 10 首变成 4000 万首。井深大、盛田昭夫和乔布斯这些革新者都已逝世，他们创造的产品和技术也会随之成为记忆的碎片，但"边走边听"的文化已经扎根在每个人的生活中，音乐的日常不再受限于空间。

未来某天，当我们回忆起 2020 年 7 月，在没有提前进行任何宣传的情况下，泰勒·斯威夫特（Taylor Swift）发布了自己疫情期间在家创作的新专辑 *Folklore*。仅 24 小时，线上收听次数就达到了 3500 万次。音乐不再受限于空间，它甚至拓宽了我们的世界。[end]

参考资料：

《索尼秘史》
[美]约翰·内森著，司徒爱勤译，中信出版社，2013 年

《成为乔布斯》
[美]布伦特·施兰德、[美]里克·特策利著，陶亮译，中信出版社，2016 年

40 年 14 首金曲

Top 14 in 40 Years

这个播放列表中收录了"边走边听"40 年中最有代表性的 14 首歌曲。它们记录了时代的流行曲风、最受欢迎的歌手，还有每个人手中的音乐播放设备。

PLAYLIST

边走边听

音乐不再受限于空间，它甚至拓宽了我们的世界。

Created by Jesooor • 14 songs, 1 hr 4 min

PLAY

FOLLOWERS
0

Q Filter   Download

		TITLE	ARTIST	ALBUM		
1974	♡	Come and Get Your Love	Redbone	Wovoka	a few secon...	5:01
1977	♡	Stayin Alive	Bee Gees	The Ultimate Be...	a few secon...	4:43
1979	♡	I Will Survive - 1981 Re-recording	Gloria Gaynor	I Will Survive	a few secon...	4:21
1982	♡	Thriller	Michael Jackson	Thriller	a few secon...	5:58
1982	♡	The Visitors	ABBA	The Visitors	a few secon...	5:49
1986	♡	In Your Eyes	Peter Gabriel	So (Remastered)	a few secon...	5:28
1991	♡	Vision of Love	Mariah Carey	Mariah Carey	a few secon...	3:29
2001	♡	可爱女人	Jay Chou	杰倫	a few secon...	3:56
2003	♡	Crazy In Love (feat. Jay-Z)	Beyoncé, JAY-Z	Dangerously In L...	a few secon...	3:56
2006	♡	Snow (Hey Oh)	Red Hot Chili Pe...	Stadium Arcadium	a few secon...	5:35
2011	♡	Someone Like You	Adele	21	a few secon...	4:45
2016	♡	Love Yourself	Justin Bieber	Purpose (Deluxe)	a few secon...	3:54
2019	♡	bad guy	Billie Eilish	WHEN WE ALL...	a few secon...	3:14
2020	♡	exile (feat. Bon Iver)	Taylor Swift, Bon...	folklore	a few secon...	4:46

2020 Exile - Taylor Swift
2020 年发行，迅速打破各家流媒体首日播放记录。图为 Taylor Swift 专辑 *Folklore* 宣传图。）- 图 10

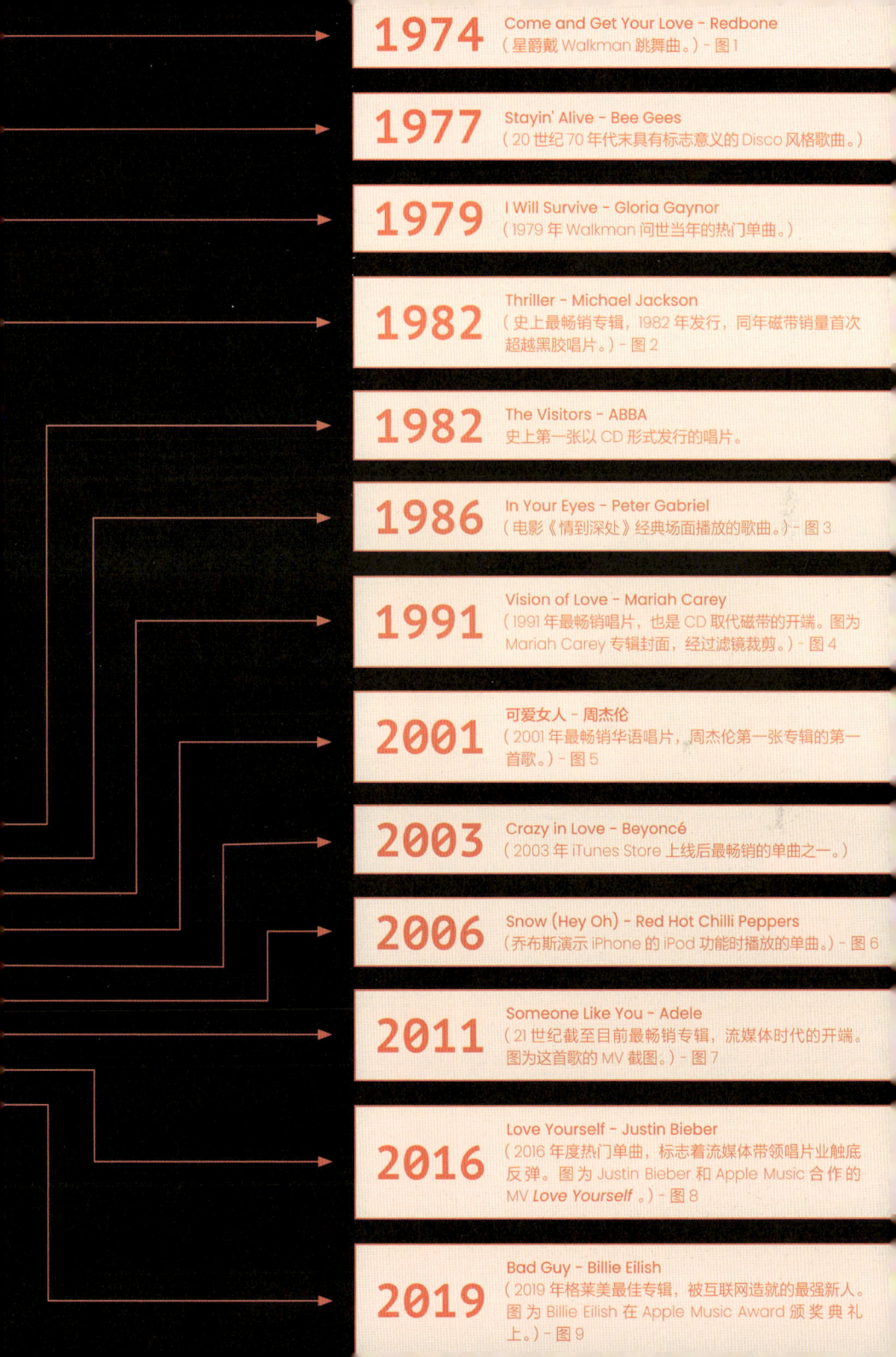

1974 — Come and Get Your Love - Redbone
（星爵戴 Walkman 跳舞曲。）- 图1

1977 — Stayin' Alive - Bee Gees
（20世纪70年代末具有标志意义的 Disco 风格歌曲。）

1979 — I Will Survive - Gloria Gaynor
（1979年 Walkman 问世当年的热门单曲。）

1982 — Thriller - Michael Jackson
（史上最畅销专辑，1982年发行，同年磁带销量首次超越黑胶唱片。）- 图2

1982 — The Visitors - ABBA
史上第一张以 CD 形式发行的唱片。

1986 — In Your Eyes - Peter Gabriel
（电影《情到深处》经典场面播放的歌曲。）- 图3

1991 — Vision of Love - Mariah Carey
（1991年最畅销唱片，也是 CD 取代磁带的开端。图为 Mariah Carey 专辑封面，经过滤镜裁剪。）- 图4

2001 — 可爱女人 - 周杰伦
（2001年最畅销华语唱片，周杰伦第一张专辑的第一首歌。）- 图5

2003 — Crazy in Love - Beyoncé
（2003年 iTunes Store 上线后最畅销的单曲之一。）

2006 — Snow (Hey Oh) - Red Hot Chilli Peppers
（乔布斯演示 iPhone 的 iPod 功能时播放的单曲。）- 图6

2011 — Someone Like You - Adele
（21世纪截至目前最畅销专辑，流媒体时代的开端。图为这首歌的 MV 截图。）- 图7

2016 — Love Yourself - Justin Bieber
（2016年度热门单曲，标志着流媒体带领唱片业触底反弹。图为 Justin Bieber 和 Apple Music 合作的 MV *Love Yourself*。）- 图8

2019 — Bad Guy - Billie Eilish
（2019年格莱美最佳专辑，被互联网造就的最强新人。图为 Billie Eilish 在 Apple Music Award 颁奖典礼上。）- 图9

1

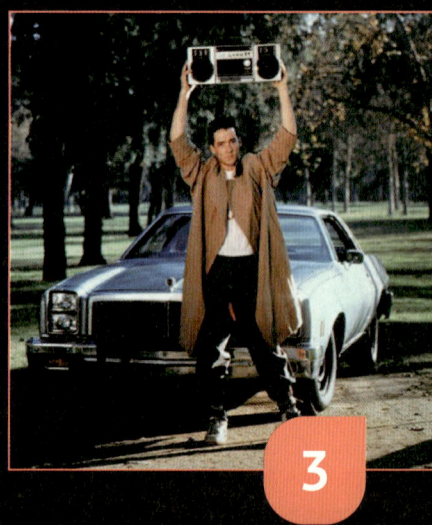

2

3

4

边走边听：移动设备、音乐私有与个性表达
Walkman Impact: Mobile Device, Personalized Music and Self Expression

153

5

7

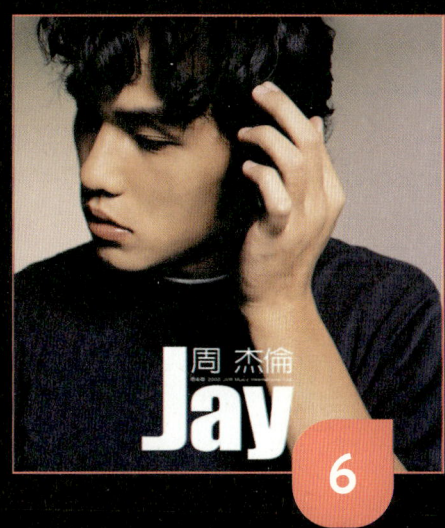

6

8

9

10

TALKS

对话

对话

TALKS

TALKS

默默

邱阳
Screenplay

我并不是去搭景,而是去找到一个地方,
它是真实生活中正在或曾经被人使用的样子。

TALKS

对话 · Talks

🕐 18'

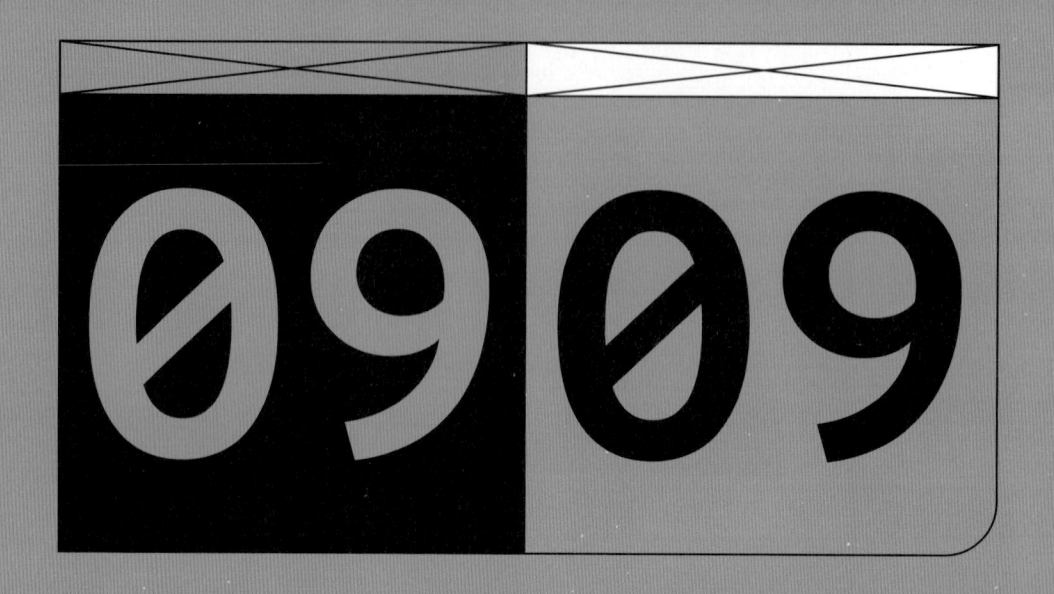

邱阳：
剧本是一个指南性文档

Screenplay is Just a Guideline

interviewed by 石佳   photo courtesy 邱阳

邱阳，青年导演。

邱阳：剧本是一个指南性文档
Screenplay is Just a Guideline

电影是一种 2 小时的叙事艺术。一个剧本可能也就 120 页，没有人能把他的角色写到 100%。也许 700 页的剧本有这个可能。

① 图1：邱阳在拍摄间隙与演员沟通。《南方少女》幕后。

邱阳，青年导演。2019 年，他凭借短片《南方少女》获得戛纳电影节影评人周最佳短片奖，这已经是他第三度入围戛纳电影节，此前《小城二月》为他赢得了一樽短片金棕榈。

他的几部短片都在江苏常州拍摄。可能有人看到过"苏锡无常"的调侃，或者中华恐龙园的广告，此外很难说这座小城能留给人什么独特的印象。邱阳在常州出生，读完中学后，到墨尔本大学维多利亚艺术学院学习电影，毕业后回到常州。在他的影像故事里，街道、河流、民居、学校是背景，除了人物说着常州方言，似乎没有更多这座城市的印记。

"为什么不去北京或上海呢？"作为一起长大的朋友，这几年我不止一次这样问过他。每次拍片都需要组织短期团队，这在常州不容易。按照惯常的想法，去到行业的中心，能找到更多资源和机会。我也隐约感到他并不追求"常州特色"。他每次都答得不太一样，现在似乎逐渐清晰了。于是就有了这次采访。

对话·Talks

○ **离线：从《小城二月》到《南方少女》，故事背景都设定在常州，这座城市对你的创作有什么影响？有什么特殊意义吗？**

邱阳：我觉得不能说有特殊的意义，从另一个方面来考虑这件事可能会找到更简单的答案。我在常州出生长大，一直到20岁才离开常州去澳大利亚上学，然后25岁回国，基本上每年都有很多时间会待在国内，在国内时我也都是生活在常州。

在这样的情况下，就目前而言，我大多数的创作灵感都源于我身边：发生在我自己身上的、我身边的人遇到的和我听说的一些事情。所以对于我来说，我的影片在常州拍摄更像是一个默认选项，一种出厂设置，选择常州是很自然的。反而要我去其他地方，我才需要特别强烈的理由。

○ **离线：在你的电影创作中，会把常州这座城市中某个真实的场景或身边真实的人和事，做1：1还原吗？**

邱阳：这是另一方面，其实我一直没有真的把故事的发生地设定在实际意义上的常州。写剧本时我的大设定是去写一件发生在中国的事，一个中国小城市里的故事。因为对我来说常州有一个特点——常州人听起来可能感觉不是特别好——在我眼里常州最大的特点是没有任何特点。比如我们提起纽约，纽约不等于美国，纽约就是纽约；上海也一样，上海不等于中国，上海就是上海。我想拍广泛意义上的普通的中国故事，如果在上海拍，可能你就会觉得这是一个上海的故事。

常州不是北京、上海或重庆，也许你可以随便在中国找到几十个、上

邱阳：剧本是一个指南性文档
Screenplay is Just a Guideline

◐ 图2：夜晚的公交车站。《日光之下》剧照。

百个看起来跟它一模一样的城市，我的故事可以是发生在常州的，也可以发生在其他无数个相似的中国小城市。所以我不会在写剧本的时候设定常州的某个具体地点。比如这个故事发生在一所学校，我只会说这是某个小城市的学校，它不非得是常州的哪个学校。在这个层面上，对我来说不存在"还原"的问题。当然在创作的时候，我会回想自己曾经的校园，然后去写故事，但实际准备拍摄寻找场地的时候，这所学校可能已经不在了，或者全部重新装修了。

○ **离线：也就是基于故事发生的情况，然后再去构思和寻找影片里的场景，对吗？**

邱阳：对，创作文字剧本和创作影像对我来说是两个阶段。我尽量在写剧本的时候不去想象环境细节，如果想象得过于充分，很有可能在实际操作时，根本找不到想象中的那个地方，或者说我没有充足的资源或时间去搭建它。

所以，对我来说最自由也是最实际的操作方式是尽量不去想，在前期的时候尽量放开，放开自己的选择范围。比如我会把全市所有学校都看一遍，然后在里面找到最有眼缘、最符合我美学的。不仅是我，还有我的主创团队，有时基于我和摄影师积累的经验和偏好，我们希望场景在方方面面都可以符合要求，不管是灯光、空间结构还是调度的复杂性。也需要说服场地方允许我们进行拍摄。在宽松的范围里把各条要求框下来，就会形成比较明确的选择。

○ **离线：有没有遇到过找不到理想的地方，必须要做改造的情况？**

邱阳：多多少少会有，大方向上"味道"对了，就可以做一些细节上的修改。在简单的修改和布置后，透过镜头里的构图，再去做进一步的调整，比如某样东西太多了，或者是太少了。当然也包括颜色，根据整个画面的色彩基调，把颜色太扎眼的物品拿走。比如有一场戏要拍医院的走廊，我们选中了一家停运了一段时间的医院，就得布置一些东西，包括办公室门口的科室牌、墙边的等候椅，让它更像一个在正常运作的空间。

有时得为故事的整体服务。在《小城二月》里有一场戏，演员在街边小吃店吃饭，后边会接一个长镜头，我们先找到了非常适合那个长镜头的街道，于是在拐角处找到一间民房，再想办法和居民沟通，把它改造成小吃店。我的美术制片找了一家馄饨摊，把他们的摊子租来，又给民房的玻璃门贴上小吃摊门头广告，这里就临时变成一个确实能在夜晚生火卖馄饨的小吃店。

我并不是去搭景，或者在某个地方重新布置一个我想要的东西，而是去找到一个地方，它是真实生活中正在或曾经被人使用的样子，对我来说就是可信的。

○ 离线：你刚提到了色彩基调这样的细节，镜头里面有什么东西，要什么样的光线，你都会在拍摄之前定得很细吗？

邱阳：会，这是前期创作影像的过程。可能和一些导演不同，我不会在完成剧本以后就开始画故事板，在这个阶段我会和摄影师一起花很多时间堪景。比如有个特定场景是加油站，前期我的团队会尽量去全常州不同的加油站，在与故事相应的时间点拍实景照片。然后我们从中挑出四五处，再去这几个地方仔细感受。这对我来说是非常重要的工作，我需要把自己放在空间中，才能真正想象出在这个空间里故事会怎么发生。我没有能力看着剧本凭空想象。

到了空间之后，我会观察它的地理位置、建筑结构——窗户在哪里，灯在哪里，出入口在哪里。然后我才能想象，我故事里的人物在这样的空间中是如何发生剧本中的故事的：他们怎样进行一段对话，可以从哪里走到哪里，他们有哪些行为。在这种情况下，我跟我的摄影师会从不同的角度拍很多照片，照片就相当于去模仿我可能要的那些镜头。之后我们回办公室重新看这些照片，再互相商量。比如有五个地方，我们最喜欢哪个，再看我们拍的照片，这个场景中这一段戏里怎么用这些不同的镜头去组合，最后确定场景。比如说，我们拍了七八个不同的镜头的照片，最后也许会用第一个镜头和第三个镜头组合，这两个镜头就组成故事的一部分。我会在真实场景的照片上面画人物的简单的运动，这就变成了我的故事板。

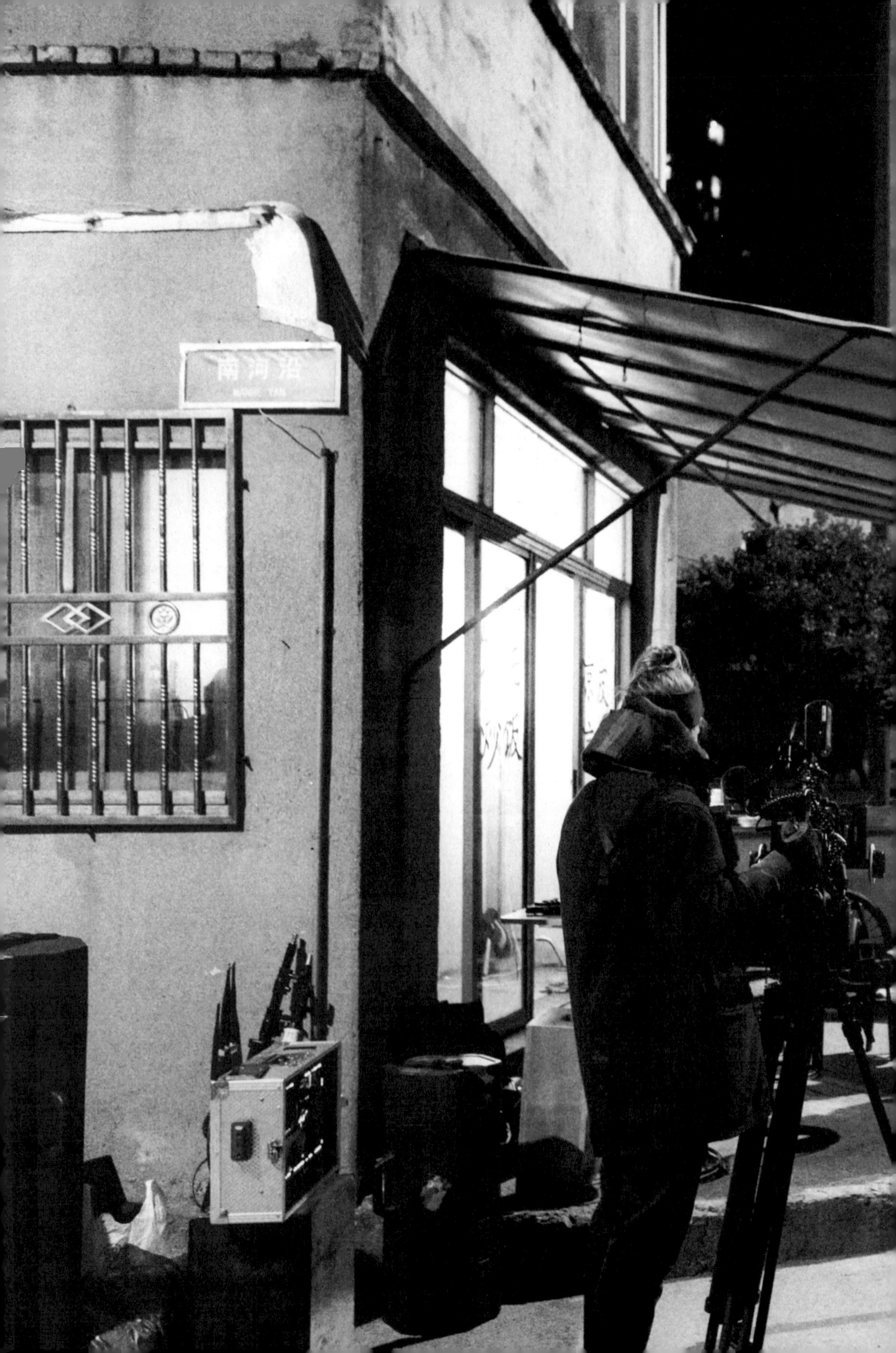
南河沿

图 3：在搭起来的小吃店前拍摄。《小城二月》幕后。

○ 离线：也就是说这个真实存在的地点会帮助你完成故事，它们也有可能会影响人物的行动细节。

邱阳：对，因为我觉得剧本应该是一个起点，所以我的剧本写得并不是非常满，它是一个指南性的文档。

不仅是场景，故事里的人物性格到底怎么样、喜欢穿什么衣服，我也希望由演员来告诉我。这些东西都不是靠我创造的，我会去寻找，再把它写画回我的故事中。我不会在剧本里写一个非常满的角色，然后找能力高超的演员把角色 100% 还原。我也许会写 50%，然后由演员来补全另外一半，这对我来说可能是最有意义的一件事。

电影是一种 2 小时的叙事艺术。一个剧本可能也就 120 页，在这 120 页的故事载体里，我觉得没有人能把他的角色写到 100%。也许有人可以写 70%、80%，但是如果想要在剧本里写出一个完全真实的角色，真的有人能够做到这样吗？我觉得不可能。也许 700 页的剧本有这个可能。

○ 离线：目前为止与你合作的，有很多都是非职业演员，按照刚刚的说法，这是也一个主动的选择吗？

邱阳：一方面是由于实际的限制，另一方面也是创作上的选择。我决定要拍一个发生在常州的故事，需要故事里的人讲常州话，常州又是一个没有电影行业或者说没有电影工业的城市，所以我不太可能找到专业的本地职业演员，只能找非职业演员。

我也不需要演员非常会演，而是想找到性格上能吸引我的人。在选角过程中我也确实会遇到他们，我会发现某个人讲话、神态、体态各方面都很有意思，而且他不怕摄影机，把机器放在他面前，还是能非常自然地与我对话，或是读剧本。我就会考虑这个人比较适合我故事当中的哪个角

◐ 图4：《日光之下》幕后，在加油站拍摄现场。灯光明暗、回车路线、便利店在镜头里的位置，这些元素构成故事的环境，也影响着最终的镜头视角和影像风格。前期的堪景工作尤其重要。

色，接着继续与他沟通，相互交流的过程也是实践的过程，我会再把这个真人的特点叠加到剧本角色里。

我的剧本里只有极少的描写，最终在电影里看到的角色，其实真的就是这些普通人带给我的，而不是我写出来、他演出来的。选角色的过程其实就是一个创作过程，即使到拍摄阶段，演员也在持续创作。

比如我的上一部短片《南方少女》的主演薛佳怡就很棒。因为写的是一个中学女生的故事，我写故事的时候对一些场景其实心里比较没底。一直到拍摄现场，我才觉得这个故事能够成立。

在有的场景我会告诉她这里会发生的事，但不告诉她细节，有时也是因为我没办法告诉她，因为我自己也不知道。而她就是中学女生，能够理解这场戏前后的逻辑和人物的情绪。心里怀疑的时候我会问她作为角色会怎么做，请她先做一遍给我看。当她在镜头前把这一段情节演出来时，我才会觉得OK，在镜头里、在监视器里的这一段是可信的。她常常都是对的，我能够相信这些事情是真实发生的。对我来说这是最重要的创作基础。接着我会基于她的表演进行微调，只做一些细小的调整，但更多的真的是由演员带给我的，而不是我去做所谓的"导演"。

○ **离线：你需要自己相信演员的表演，你才有信心让观众去相信这个东西。**

邱阳：对，其实一直有一句话，就是说导演的一半工作是选择对的人，你要相信你的选择能够带给你有价值的东西。最重要的是，我是否会相信我看到的东西，至于有多少其他人能够对我的作品产生共情，我没有办法控制，但我会对自己做的东西足够真诚。我相信画面里面发生的故事，这个人物是一个真的人，他做的是他真正想做的事情，讲的话是他真心想要说的话，这对我来说是比较重要的。

对于观众的感受，电影界会有两种理解方式，一种是心理学的，一种是哲学的。心理学的方式认为故事是情感的载体，更重要的是让观众感受其中的情感，这种观影的感受确实可能会让观众留下更深的私人记忆。为了追求情感的传达，如何铺垫、如何推进、如何转折，都有相对成熟的研究和实践。

当然还有另外一层，比如迈克尔·哈内克（Michael Haneke）或罗伯特·布列松（Robert Bresson），他们会更多地考虑社会议题，拍摄现实主义或者说知识分子电影。他们会觉得如果用所谓的心理学来解释社会的复杂性，是一种简化、一种偷懒。而当人站在哲学的角度去解释社会，又会经常站在上帝视角。但说到底看电影是在看一个故事，观众并不是在看一个纪录片或读一篇论文。很多人看哈内克的片子，会觉得他是一个非常高傲自大、冷酷的人，因为他永远都是高高在上的。但有些人很喜欢他，我也非常喜欢他。我觉得有偏好很正常，个人的偏好也会随着时间和自身成长、境遇的不同而不断变化。

对于创作的方式，我暂时还不确定我是否有方法论，可能我们目前拍摄的方式是这样，同时这些方法也在不停地改变，每次都多多少少会有一些不一样的东西。就像喜欢的东西会随时间变化，在拍摄过程中什么东西是真的、什么是虚的，哪些对我来说是真诚的、哪些是虚伪的，这些认识也会改变。所以我觉得这永远是一个动态的东西，但目前我觉得这种方式可能更靠近我想做的事情、想说的故事。

○ **离线：那你目前是在一个稳定还是动态的状态中？**

邱阳：应该还是属于动态的，我觉得稳定是一个挺可怕的事情。不管叫作"寻求改变"还是"跳出自己的安全区"，人永远都应该去尝试，为没有尝试过的东西冒风险。我感觉这是任何一个从事创作工作或作为创作媒介的人前进的方式。前进并不等于进步，而是一种往前走的行动方式。对大家来说都一样，你永远都不满足，永远都想尝试更新的东西，这当中没有更好、更快。你可以把一种操作变得越来越熟练、越来越有效、越来越好，但我觉得在此之外，你也可以同时考虑还有没有其他的方法、不一样的形式，这些都是你可以去尝试的。

我觉得我自己现在连长片都没拍，不可能有心满意足的稳定状态，然后后半辈子就安于拍短片了。我肯定是动态的，到底是往前还是往后我不知道，但至少是一个动态的、我觉得好的状态。

对话·Talks

图5:《南方少女》剧照。

邱阳：剧本是一个指南性文档
Screenplay is Just a Guideline

○ 离线：我们聊到的这些细节给我一种感受，就是常州和你短片中发生在那里的故事来自你的私人经验，但又被否认了独特性。从影片直观表达出来就是一种说不清的错位感。这是你追求的或希望观影者也感知到的吗？

邱阳：我应该还没有能力考虑得这么清楚，但我觉得这可能是我讲的故事、拍的东西及拍摄方式，和观众的观看一起带来的化学反应。这样的结果不一定是我能事先想象和意识到的，应该是个很复杂的化学反应。我这么说可能有点往自己脸上贴金了，这种感觉也许类似我最近读到的弗雷德里克·怀斯曼（Frederick Wiseman）导演说的"暧昧"。

○ 离线：你是喜欢这种感觉的，或者说至少不排斥这种反馈，对吗？

邱阳：我觉得谈不上喜不喜欢、排不排斥。这种错位感或者说暧昧的感觉我也在别人的作品中体验过。我看书或看电影的时候，也会发现一些我熟悉或经历过的段落，但讲述的方式、切入的角度或刻画的重点可能是我没想过的，甚至就算我想过，也没见过有人真的这么去表达。

○ 离线：你会有意识地跟熟悉的事物拉开距离，去做"陌生"的表达吗？

邱阳：更多的时候我是以旁观的角度去讲故事的，对于大部分故事，我也确实只有作为旁观者的经验。但这样的结论实际上也是一种回顾。做完事情以后回头看，发现我好像确实都是这么做的，一种倒推的分析。我在工作的过程中，并不是有意识地先入为主地去做设计。像这样被人问起的时候，我才会对自己提问，归纳一个答案。

我的表达方式源自生活经验和我在生活中观察事物的方法。我在讲故事的时候，更多地是以他者的角度去观察，并不是特别代入第一人称讲述。但也很难界定，我觉得一开始我拍《日光之下》的时候几乎完全是以观察者的角度，但当我慢慢地有机会接近故事中的人时，我的身份界限就变得模糊了，后面拍出来的感觉就会有一些不一样。我只能试着找到当时觉得最舒适的距离。

○ 离线：可能你的旁观的视角，和你不由自主表现的距离感，让大家看到的常州更"普通"了。但你还是一次又一次地拍常州，观众会很自然地想这个城市是不是有什么独特之处。很多作者反复地写自己的家乡，是要展现地点的独特、表达一些个人情结的。

邱阳：可能我真的在这里生活太久了，我觉得这里没什么奇特的。没有视觉景观和文化符号对我来说是一件好事，不太需要去刻意展示或回避。

我其实依然还没有条件事先把所有事情安排好再去做。有一些无意识的选择，是被人问多了我再去给自己找答案。我会考虑我为什么这么做，分析我做的决定对我有什么好处。决定时也许一半有意一半无意，但没法说出一条条清晰的理由。当然我觉得被提问是一件好事，理解这些问题也是在帮我思考自己的创作，有助于我在接下来做出更清楚的决定。

但拍电影始终有一些实际的限制，可能最初是我也没办法，条件只允许这么拍，试了以后发现也不错，那我下一步是不是可以继续。我持续地做出看起来不变的决定，里面是不是越来越掺杂创作上的理由了？

我想很多事情起始的时候都是受限的。尤其是艺术创作，最开始做的选择在很大程度上都会受客观限制的影响，主观选择肯定不是百分之百，原因是混杂的。对我来说这个问题不是为什么选择在常州拍，而是最初我不得不在常州拍。既然拍常州，我能做的选择是我拍什么、不拍什么。

○ 离线：那你现在继续选常州，是受客观限制更多还是主观选择更多？

邱阳：我觉得都有。也许有一天我选择常州以外的城市，对我来说肯定是主观意愿更多。但也仅针对那个选择本身。拍摄过程依然会是自主和被动受限掺杂。[end]

WRITINGS

写作

写作

WRITINGS

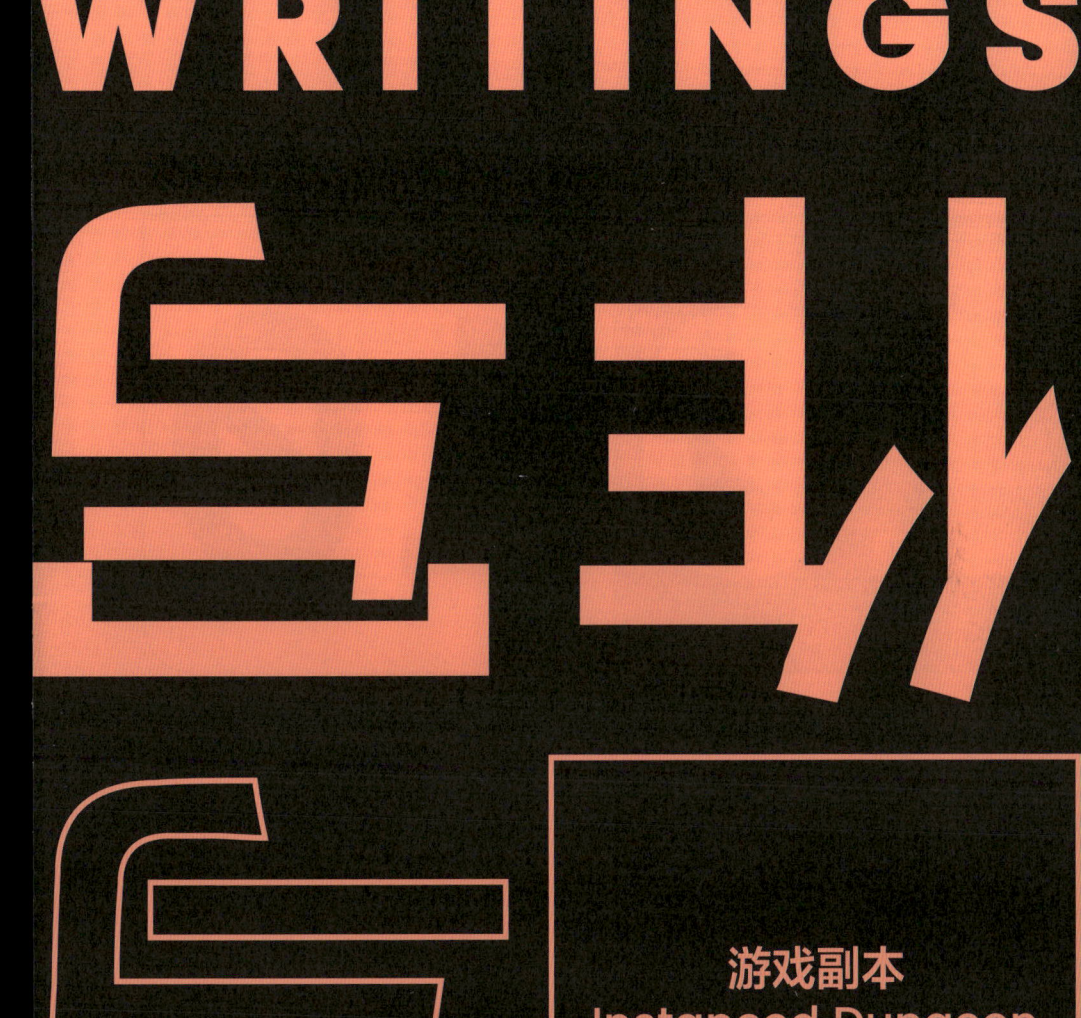

游戏副本
Instanced Dungeon

人人都可以
成为那个屠龙的英雄。

写作 · Writings

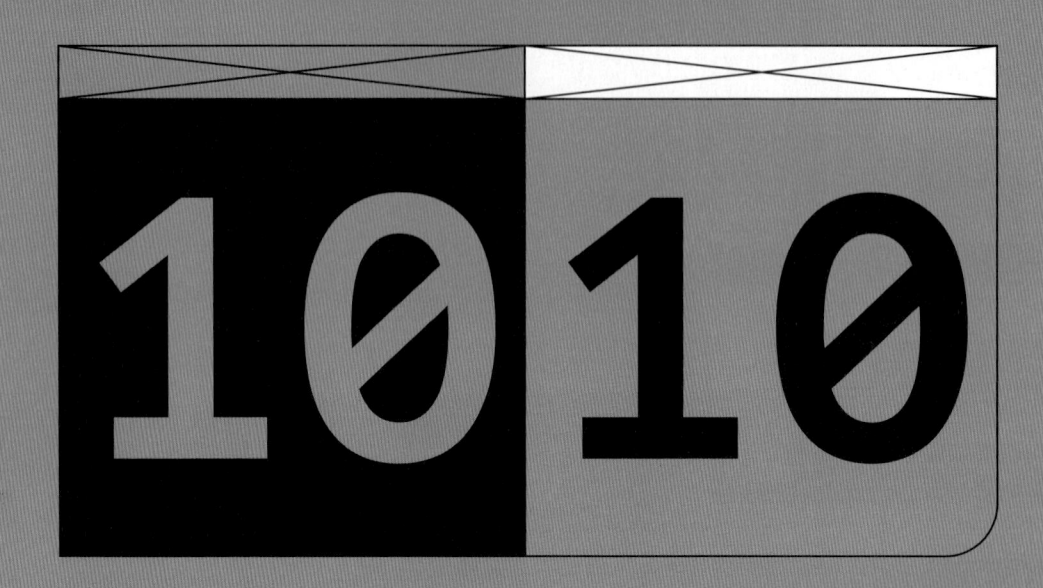

探索
与表演

On Instanced Dungeon
and More

⏱ 10'

written by 重轻

《不在场》播客主理人，音乐科技领域的 UP 主，机核电台常驻嘉宾，合成器发烧友，一个以研究无用小事为消遣的人。

探索与表演
On Instanced Dungeon and More

世上只有一个悲剧的斯坦索姆，但人人都想成为部落的英雄。

"副本"一词像技术和文化之间的一场误会。

厘清这个概念，要从大型多人在线角色扮演游戏（MMORPG）说起。这种动辄数万人共同生存、战斗在同一个虚拟世界的游戏类型，脱胎于早期的多人文字冒险游戏，再往上追溯，则是以《龙与地下城》规则为基础的多用户地牢（Multi-User Dungeon，MUDs）。在桌游里，一场典型的冒险，就是在座的各位扮演各自的角色，一同深入地牢寻觅宝物、击败恶魔、解开谜题或拯救公主。

这种跑团的设计，被同时在线人数过多搞得焦头烂额的早期网游开发者们重新捡了起来——把一些关键的敌人和宝物都放在"地牢"之中，而进入地牢的玩家，临时被分流到很多个设计上一模一样的场景和流程中去游玩。在这个平行宇宙的小世界里，一段封闭但丰富的冒险等待着玩家，像极了跑团中 Game Master 作为旁白来管理的地下城。

地牢的设计至少解决以下几个问题：

A. 抢怪和蹲怪：如果一个首领级敌人存在于地上世界，几万个玩家都有机会击杀它，如果好几伙玩家同时攻击，或者敌人濒死的时候被旁观的玩家补刀致死，获得的经验和装备如何分配？

B. 抢装备：装备如果掉落在公共地面，分配比拼的就是谁鼠标点击得快、谁站位离得更近，分配机制就没有公平可言。

C. 恶意 PVP：在一个玩家小队踌躇满志开始进攻的时候，没有什么能阻止另一伙玩家发动偷袭。

2004 年上线的《魔兽世界》是迄今为止最为成功的 MMORPG，为

了规避上述问题，它将最精彩的区域战斗全部做成了地牢形式，暴雪称之为 instanced dungeon（实例化的地牢），中文世界里则定名为"副本"。这个颇具陌生感的词汇从此就留在了中文游戏玩家的话语中。

◐ 图1：斯坦索姆的地图（十字区），最典型的副本。图片来源：Wowpedia © Blizzard Entertainment Inc.

到底什么是 instance？如果你问程序员，他可能会从基本的编程思想出发讲出十万字。如果允许门外汉简而言之，instance 就像英文"举个例子"（for instance）里的用法一样，是 class（类别）的一个具体的存在。比如《魔兽世界》中的斯坦索姆，被天灾完全感染的死城，镇长、吞咽者拉姆斯登和瑞文戴尔男爵等待着玩家讨伐和提款（可获得 55 级以上的蓝色装备和小概率的紫色装备），只允许 5 人小队进入。当玩家进入时，斯坦索姆这个"类别"，就会在服务器端初始化为一个具体的"实例"（instance 在编程语境下的翻译），供你探索。

这也正是暴雪的工程师用 instanced dungeon 来表述他们这种创新的小规模游玩机制的原因。尽管译者并未采用"实例"二字，但最初它指的就

Instanced Dungeon
Instanced Dungeon
Instanced Dungeon
Instanced Dungeon
Instanced Dungeon
Instanced Dungeon
Instanced Dungeon
Instanced Dungeon
Instanced Dungeon
Instanced Dungeon

写作 · Writings

⊙ 图2：EVE 载入史册的一次战争。这是目前沙盒 MMO 最代表性游戏的战争场面，出于种种原因，大帮派打起来了，连续打了12小时，大量玩家损失惨重。一个红点是一个玩家。图片来源：EVE Online

是这种编程思路。然而 instance 的逻辑并非复制：世上只有一个悲剧的斯坦索姆、一个被腐化的瑞文戴尔男爵和一匹死亡冲锋骷髅战马。Instance 是模子造出来的城堡，而你探索的是为你专门生成和营业的这一份罢了。

　　副本的设计在20世纪90年代末的早期 MMORPG 里开始出现，逐渐成了计算机技术瓶颈与虚拟社会治理之间无心的暗合。一方面，降低一个世界里的同时在线人数就减少了人与人的互动，减少了前后端的数据交互，也就降低了服务器和计算机的负载，减少了延迟。这样一来，小队的

探索与表演
On Instanced Dungeon and More

8

副本冒险还可以容纳更复杂的地形、更强烈的遭遇战。另一方面，如蝗虫一般的玩家在地上世界（非副本化的所有人共存于其中）互相干扰破坏、巧取豪夺导致怪物不够杀、财宝不够分的问题竟然也迎刃而解。只不过世界和平的解决方案竟然是一个个分而治之的信息茧房，想想未免有些反高潮。

※

然而副本如今早已不是为了解决问题不得已而为之的补丁设计。它发展成了此类游戏的核心机制，也重新塑造了今日 MMORPG 世界的范式。它对人类未来生活的影响，可能比你我以为的更大。

回到《魔兽世界》的例子：为何它五人、十人副本的设计如此成功和持久？上述分析没有涉及的，是副本对玩家体验的主动塑造。MMO 的底层逻辑是人类对虚拟世界和 alternative life（另一种人生）的渴望，在这个意义上，副本是对玩家真实需求的背叛，或者说妥协。它为了让玩家获得流畅而连贯的探险历程，将其他玩家屏蔽于副本之外。成千上万的副本，本质是精心编排的、接待了无数客人的小剧场，是团队素质拓展训练中心。在这里，玩家主动选择了一种蒙蔽：世上有成千上万人——即使这个服务器上也已经有几千人——比我更早手刃了死亡之翼；那柄独一无二的"上层精灵之剑"奎尔塞拉，也不过是漫长剧本里写好的罢了。探索，在副本的呵护下变成了表演，人人都可以成为那个屠龙的英雄。这表演的酣畅淋漓，恰恰是用"放弃真实和独特"的默契交换的。

副本是保底，是呵护，是编排。副本技术的背后是 MMORPG 的理念分歧：沙盒 VS 主题公园。"多用户地牢"出现以来，以《无尽的任务》和《魔兽世界》为代表的主题公园流派成为显学，缔造了过去 20 年 MMO 的商业辉煌。而以 Ultima Online、EVE 为代表的沙盒流派偏安一隅，小众而坚定，赢得（或者说落得）"硬核""沉浸""另一种人生"等标签。

副本是主题公园派的利器，它对玩家的微观体验更加体贴：宏大的战斗和剧情都是设计好的，随时"实例化"，等你来经历相同的流程、相同的战果、相似的回味、共享的个人史和世界史。

沙盒则更坚决地保留着人们对虚拟世界的原始想象：我们就这样共存于同一个宇宙，生死有命，富贵在天，是党同伐异还是经商绥靖，是杀人越货还是做好事不留名，全部留给玩家自己决定。沙盒的高门槛和痛苦，来自于游戏对个体游玩体验的放任：沙盒里没有什么曲折的故事和任务体系，没有你一定能获得的那份刺激、感动与快乐，唯一一定会有的只是工具使用教学，剩下就等你自己书写人生了。

为何沙盒说起来美妙，现实中却屡屡败给主题公园？这是游戏设计者面临的世界难题。一个关键的线索是内容。真正的沙盒游戏不提供狭义的内容，或者说，每个玩家就是彼此的内容，它和现实世界的区别只体现在规模、人能做的事情及因果关系叠加的可能性上。正如现实世界只能有一个埃隆·马斯克，沙盒世界里也不可能人人都成为部落的英雄。

而主题公园类 MMO 则是巨大的资本支持下的内容创作。内容的生产速度甚至常常赶不上玩家的消耗速度，这个矛盾在沙盒的游戏设计中并不存在。在主题公园类游戏里，尽管内容线性、封闭，但它的副本、任务线、角色成长过程依然是精雕细琢的，被设计师充分考虑过。它舒适、不令人困惑、不会进一步退两步，每个人都踏踏实实地成长、进步着。副本中有跌宕起伏的情绪，人物的成长也有里程碑，这些起伏的曲线和叙事技术中的"弧光"（arc）同构。而在不做控制、不提供线性内容的沙盒设计中，弧光无从谈起。

那么沙盒就没有跌宕起伏吗？当然也有，它的玩家情绪和经历不由设计师亲手描绘，而是自然地涌现。涌现式设计的目标，是将叙事的力量交给系统和玩家，在互动中自然形成。和叙事学分道扬镳，涌现的诀窍在于复杂的机制和变量相互叠加影响，让玩家在行为决策过程中不断地"发现"事物之间隐藏的联系，并加以利用。在沙盒世界里，玩家始终对得失心怀敬畏，对奇遇心怀期待。沙盒证实和证伪着玩家对世界的理解，并远远超出游戏设计者的想象。然而缺乏具体内容却令新玩家在最开始时茫然无措，望而却步。

有副本技术加持的主题公园类游戏在今天大行其道，玩家偶尔会有巨大的空虚感涌上心头。这是假自由和真内容内在的矛盾，也是个体对社会的认知失调。现实世界里没有内容，只有无限复杂的模式。我们每一个个体，都凭借极度有限的认识和资源采取行动，承担后果。然而我们的头脑却无时无刻不受制于归因谬误和对故事的渴望——简化并提炼一连串因果关系，恰恰是我们认识世界的方式。

主题公园的发展停滞在内容生产的瓶颈——脚本堆砌到极致，也解决不了世界边缘那铜墙铁壁给人的沮丧。沙盒的发展停滞在变化的缺乏与价值的单一——行动被简化成鼠标的按钮、能力被抽象为技能树、强弱被类比为血槽，这些从根本上约束了游戏"涌现"的可能性，意义也注定稀薄。

如今的娱乐工业，硅谷风投们正在加班加点打造未来虚拟世界的基础设施，从云游戏架构到区块链打通的虚拟经济。《头号玩家》式的未来在召唤，无论是作为逃避的幻想乡，还是彻底融合的新现实。现实世界所缺乏的自我实现和对意义的追逐，是虚拟世界提出的许诺。这个许诺如何实现？

在虚拟世界里，我要毫无代价地幸福。然而逃离现实的初衷，却是想成为独一无二的自己——后者的自由是前者的交换物。用"复制品"的快乐，滋养一个"独立品"的自我。这其中的辩论比区区一个娱乐产品设计美学的话题更加重大，关系到我们对未来的构想。 [end]

OFFLINE 离线

No.001
《离线 · 开始游戏》
Press Start

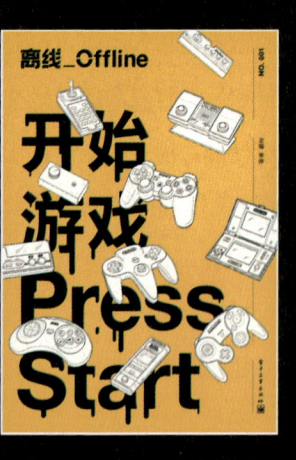

聚焦"游戏"这个技术与人文的交叉领域，分别从游戏设计师、玩家、商人和学者的角度，探讨游戏的本质和吸引力的来源。《模拟人生》和《吃豆人》的趣味，任天堂商业上的沉浮，一切都指向背后的"游戏精神"，它使人在虚拟和现实的边界感受存在的意义。

No.002
《离线 · 黑客》
Hackers: A Revisit

讲述了"黑客的诞生"以及乔布斯和家酿计算机俱乐部的故事，并用四篇文章详细介绍了黑客文化在当下的新发展。极客文化的源头是黑客文化，无论是生物黑客和 DIY 创客的实践，还是亚伦·斯沃茨的抗争，都是黑客精神在当代的延续。

No.003
《离线 · 科幻》
Imagining Technology

科幻是一扇门，连接着科技与幻想、现实和虚拟、当下与未来。"中国科幻问卷"邀请九位华人科幻作家探讨幻想与技术的共生关系。威廉·吉布森对赛博格的"蒸汽机时代"的追溯，私人航空公司的火星殖民计划，"技

No.004
《离线 · 机器觉醒》
AI : Our Final Invention

专访奇点大学校长库兹韦尔与百度首席科学家吴恩达，揭秘人工智能的研究前沿。邀请包括豆瓣阿北、搜狗王小川在内的 6 位中国互联网创业者，描述他们眼中的 2045。从人工智能研究者的道德拷问中，直面机器觉

出版物

No.005

《离线·共生》
Symbiosis

共生是两个伙伴之间密切、长期的相互关系。我们从微生物的角度出发,开始一场"由内而外,以人为中介"的共生之旅。在这个系统中,我们与共生对象不断交流反馈,或是平等互助,或是各有损耗。通过共生,人类认识、拓展自己和外物,同时也改变着世界的样貌。

离线科普小套系

精选《离线》在付费电子刊时期的高人气专题,关注科技与文化的交叉领域。丛书覆盖青年生活、食物科技、隐秘设计和技术历史等多个话题,为热爱生活、有好奇心和求知欲的读者打开新奇多元的视角,探索日常生活之中的技术趣味。

《从自贩机到乐高:隐秘而伟大的设计力》
那些被忽视的巧妙创造,有温热可靠的心。

《厨房里的技术宅:写给美味的硬核情书》
如果不注入爱与理解,食物就会变不好吃!

《逃离青年危机:当代焦虑生活诊疗手册》
早上好!年轻的朋友~打开这份手册,愿你心情快乐舒畅,身体健康无忧。

《旧术犹新:过去和未来的惊奇科技》
任何足够先进的科技都与魔法无异。——阿瑟·克拉克

离线
OFFLINE

NO.006

主　　编：李婷
专题策划：不知知 / Cris
专栏策划：Cris / 石佳 / 不知知
装帧设计：@broussaille 私制
插　　画：海天

特别感谢：胡少阳、刘鹏对本期的编辑协力

微信公众号：离线（ID：theoffline）
微　　博：@离线offline
知　　乎：离线
网　　站：the-offline.com
联系我们：AI@the-offline.com